Jean-Philippe Suppini

Relation Structure-Fonction de la protéine chaperon DnaK

Jean-Philippe Suppini

Relation Structure-Fonction de la protéine chaperon DnaK

Complémentations fonctionnelles, mutants et protéines chimères

Presses Académiques Francophones

Mentions légales / Imprint (applicable pour l'Allemagne seulement / only for Germany)
Information bibliographique publiée par la Deutsche Nationalbibliothek: La Deutsche Nationalbibliothek inscrit cette publication à la Deutsche Nationalbibliografie; des données bibliographiques détaillées sont disponibles sur internet à l'adresse http://dnb.d-nb.de.
Toutes marques et noms de produits mentionnés dans ce livre demeurent sous la protection des marques, des marques déposées et des brevets, et sont des marques ou des marques déposées de leurs détenteurs respectifs. L'utilisation des marques, noms de produits, noms communs, noms commerciaux, descriptions de produits, etc, même sans qu'ils soient mentionnés de façon particulière dans ce livre ne signifie en aucune façon que ces noms peuvent être utilisés sans restriction à l'égard de la législation pour la protection des marques et des marques déposées et pourraient donc être utilisés par quiconque.

Photo de la couverture: www.ingimage.com

Editeur: Presses Académiques Francophones est une marque déposée de
Südwestdeutscher Verlag für Hochschulschriften GmbH & Co. KG
Heinrich-Böcking-Str. 6-8, 66121 Sarrebruck, Allemagne
Téléphone +49 681 37 20 271-1, Fax +49 681 37 20 271-0
Email: info@presses-academiques.com

Produit en Allemagne:
Schaltungsdienst Lange o.H.G., Berlin
Books on Demand GmbH, Norderstedt
Reha GmbH, Saarbrücken
Amazon Distribution GmbH, Leipzig
ISBN: 978-3-8381-7043-5

Imprint (only for USA, GB)
Bibliographic information published by the Deutsche Nationalbibliothek: The Deutsche Nationalbibliothek lists this publication in the Deutsche Nationalbibliografie; detailed bibliographic data are available in the Internet at http://dnb.d-nb.de.
Any brand names and product names mentioned in this book are subject to trademark, brand or patent protection and are trademarks or registered trademarks of their respective holders. The use of brand names, product names, common names, trade names, product descriptions etc. even without a particular marking in this works is in no way to be construed to mean that such names may be regarded as unrestricted in respect of trademark and brand protection legislation and could thus be used by anyone.

Cover image: www.ingimage.com

Publisher: Presses Académiques Francophones is an imprint of the publishing house
Südwestdeutscher Verlag für Hochschulschriften GmbH & Co. KG
Heinrich-Böcking-Str. 6-8, 66121 Saarbrücken, Germany
Phone +49 681 37 20 271-1, Fax +49 681 37 20 271-0
Email: info@presses-academiques.com

Printed in the U.S.A.
Printed in the U.K. by (see last page)
ISBN: 978-3-8381-7043-5

Sommaire

Chapitre 1   **55**

Complémentation fonctionnelle de la thermosensibilité et de la résistance au bactériophage lambda de souches DnaK⁻ par des protéines chimères DnaK (*E.coli*) / Hsc70 (rat).

Chapitre 2   **70**

Le sous domaine B de DnaK exprimé seul, assure la thermorésistance et la croissance du bactériophage lambda dans la souche *E.coli dnaK103*

Rôles des hélices C-terminales et de la région de connexion des domaines dans l'oligomérisation de la protéine Hsc70

A Lucien et Aimée

UNIVERSITE
PIERRE & MARIE CURIE
SCIENCE À PARIS

Inter///Bio

Ecole Doctorale Inter///Bio

Formation Doctorale : Biologie Cellulaire et Moléculaire

THÈSE

pour obtenir le grade de

Docteur de l'université PARIS VI *Pierre et Marie CURIE*

Spécialité : Biologie Moléculaire

Titre de la thèse

Etude de la relation Structure-Fonction de la protéine chaperon DnaK :
*Complémentation fonctionnelle et utilisation de différents mutants
et de protéines chimères.*

Soutenue le 30 Juin 2006 avec Mention Très Honorable

Introduction

Lorsqu'il est soumis à une activité intense ou un changement d'environnement brutal, l'organisme vivant réagit en mettant en place des processus d'adaptation, et de réparation. Pour cela il dispose d'un arsenal de molécules hautement conservées au cours de l'évolution (depuis la bactérie la plus primitive jusqu'à l'homme), appelées protéines de choc thermique (en abrégé: HSP, de l'anglais *Heat Shock Proteins*) ou protéines de stress.

De façon générale, ces "chaperons moléculaires" ont pour fonction d'assister le repliement correct des chaînes polypeptidiques, leurs permettant ainsi d'acquérir leur structure biologiquement active. Une protéine doit en effet, pour être active, se replier en une conformation tridimensionnelle précise et spécifique, dite native. Ainsi le repliement des protéines est un évènement essentiel et nécessaire à la vie cellulaire. Dans la première partie de ce mémoire, après une description succincte des mécanismes du repliement et plus particulièrement des principaux facteurs protéiques cellulaires impliqués dans celui-ci, nous nous intéresserons de manière détaillée à la famille des HSP70 (Heat Shock Protein de 70kDa) et plus particulièrement à la protéine chaperon DnaK (HSP70 chez *E.coli)*, qui fait l'objet de ce travail et à ses fonctions cellulaires supposées.

I- Le repliement des protéines

Constituants élémentaires du vivant, les protéines font l'objet depuis les années 1930 d'expériences visant à mieux comprendre la formation de leur structure tridimensionnelle. Cette structure, appelée conformation, détermine la fonctionnalité de la protéine.

I.1/ Les mécanismes du repliement

Au début des années 1960, l'hypothèse d'Anfinsen stipulait que la conformation de l'état natif, dans lequel la protéine est fonctionnelle, correspondait à l'état dans lequel l'énergie libre était la plus basse. Aujourd'hui communément acceptée, l'**hypothèse thermodynamique** selon laquelle "la conformation native est déterminée par la totalité des interactions atomiques et en conséquence par la séquence en acides aminés dans un environnement donné" (Anfinsen et Haber, 1973), a été renforcée depuis par de nombreux exemples de protéines capables de se replier *in vitro* avec un fort rendement, en absence de cofacteurs chimiques ou protéiques (Jaenicke et al.1987). Cependant, comment expliquer qu'une chaîne polypeptidique dénaturée puisse trouver, rapidement et efficacement, sa structure native spécifique parmi toutes les structures possibles, et ce dans un temps compatible avec la vie cellulaire. Le repliement doit donc suivre un chemin ou un nombre limité de chemins passant par des états intermédiaires définis et partiellement structurés (Levinthal, 1966). Le postulat de Levinthal peut être illustré en termes de paysages énergétiques (Energy Landscape) par le concept de repliement en entonnoir « *Folding Funnel* » (Bryngelson et al., 1995). Ce concept décrit les comportements thermodynamiques et cinétiques, ainsi que la transformation d'un ensemble de structures correspondantes à l'état dénaturé d'une protéine vers son état natif unique (voir Figure 1). Tandis que le repliement de la structure progresse vers l'état natif, le nombre de conformations à explorer diminue. Chaque puits correspond à un minimum énergétique local peuplé par une population d'intermédiaires « stables » (Figure 1 droite). D'après les auteurs, la descente vers le fond de l'entonnoir s'accompagne d'une diminution de l'entropie de la chaîne polypeptidique. Plus la pente est raide, plus le repliement sera rapide. On admet à l'heure actuelle que le repliement de la structure de la plupart des protéines est sous contrôle thermodynamique et que l'état natif est atteint via des intermédiaires partiellement structurés dont la formation est sous contrôle cinétique (Ballew et al., 1996).

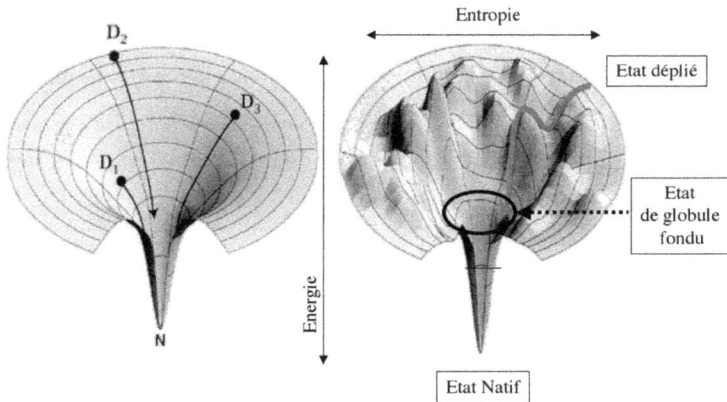

Figure 1: *Schéma du chemin thermodynamique du repliement "par étapes" d'une protéine.*
D1, D2 et D3 représentent les différents états dénaturés; N: l'état natif.

On peut se représenter le repliement comme une succession d'étapes où la chaîne polypeptidique dépliée passe par des intermédiaires instables, puis stables avant d'adopter sa structure native (Kuwajima, 1989). Il apparaît que les intermédiaires instables constituent une population hétérogène de polypeptides possédant un certain nombre de structures secondaires qui vont s'organiser pour former le globule fondu « *molten globule* » (Kim et Baldwin, 1982). Le "globule fondu" est un état intermédiaire stable, dans lequel on retrouve un fort contenu en structures secondaires natives et une compaction globale importante bien que non native. Par la suite, les chaînes latérales des résidus constituant le coeur hydrophobe de la protéine s'enfouissent, et les interactions stabilisant la structure tertiaire se mettent en place, conduisant ainsi la protéine vers sa structure native.

Cette dernière étape est lente et très peu coopérative, contrairement aux étapes précoces du repliement (Ptitsyn, 1991). Ces intermédiaires du repliement sont susceptibles d'exposer des régions hydrophobes, normalement enfouies dans l'état natif, générant par le biais d'interactions illicites des espèces mal repliées qui peuvent conduire à la formation d'agrégats irréversibles (Figure 2). De ce fait, le repliement est toujours en compétition avec l'agrégation des protéines *in vitro* comme *in vivo* (Kiefhaber et al., 1991).

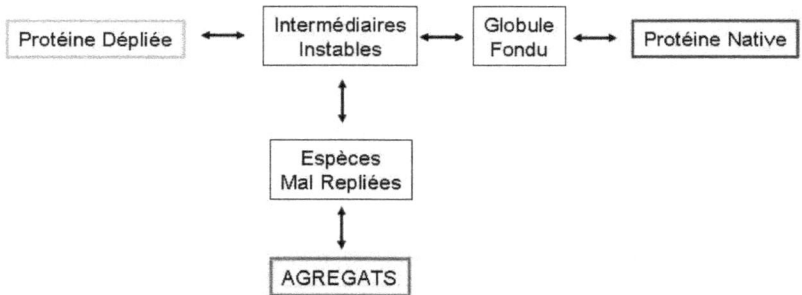

Figure 2: *Représentation schématique des principales étapes du repliement d'une protéine.*

Cependant, de nombreuses différences existent entre les conditions expérimentales du repliement *in vitro* (protéine purifiée, faible concentration, températures inférieures à 25°C, présence de réducteur,...) et les conditions intracellulaires du repliement *in vivo*. En effet dans la cellule, l'environnement de la chaîne polypeptidique dépliée venant d'être synthétisée, ou dépliée après un stress (augmentation de température, présence de certains alcools,...) est très différent de celui rencontré dans un tube à essai. *In vivo,* dès sa naissance, la chaîne polypeptidique émergeante du ribosome commence à se replier sans que la totalité de sa séquence soit disponible (Nicola et al., 1999). De plus, le polypeptide émergeant du ribosome est directement confronté au milieu intracellulaire très concentré en macromolécules (300g/L), induisant un effet d'encombrement (ou *crowding*). Le cytoplasme d'*Escherichia coli* abrite par exemple un million de chaînes polypeptidiques dont 30 à 50 µM de chaînes naissantes. Ce qui n est pas sans conséquences car l'effet d'encombrement augmente de façon générale les constantes d'association (en induisant une répulsion stérique non spécifique et en limitant la diffusion) ; ce qui a pour effet de favoriser l'agrégation pendant le repliement (Zimmerman et Trach, 1991). De surcroît, on trouve majoritairement, in vivo, des protéines à plusieurs domaines, possédant des intermédiaires stables et donc qui se replient lentement. Or le risque d'agrégation est d'autant plus grand que le repliement est lent, c'est-à-dire que la durée de vie des intermédiaires exposant des résidus hydrophobes est grande. Ainsi dans les expériences de renaturation *in vitro*, ce sont de petites protéines, souvent constituées d'un seul domaine, qui se replient rapidement et dont les concentrations utilisées sont plus faibles que celles rencontrées dans le milieu intracellulaire. Enfin les protéines exportées vers les structures cellulaires (membranes) ou les organites (noyau, mitochondries) doivent être maintenues dépliées pendant leur transport et sont donc susceptibles de s'agréger durant celui ci. De plus étant donné que les protéines dépliées ou mal repliées sont la cible préférentielle des protéases cytoplasmiques, le repliement des protéines est aussi en compétition avec sa dégradation.

Ainsi, *in vivo*, les conditions cellulaires favorisent la voie de l'agrégation et de la dégradation au détriment de celle du repliement. Pour survivre, dans des conditions normales et des conditions de stress (augmentation de la température par exemple), toute une machinerie cellulaire a été mise en place au cours de l'évolution pour éviter la dégradation des protéines et la formation d'agrégats irréversibles.

I.2/Les facteurs du repliement

Les facteurs du repliement interviennent, *in vivo*, à différentes étapes. Dès sa naissance, à la sortie du ribosome ces facteurs assistent la chaîne polypeptidique dans son repliement ou dans son transport sous forme dépliée jusqu'à la membrane du compartiment cellulaire cible. Ils interviennent également dans la renaturation de protéines dépliées suite à un stress, et dans la dégradation de protéines mal repliées. On peut regrouper les facteurs de repliement en deux catégories: les enzymes capables de catalyser les étapes lentes du repliement et les chaperons moléculaires qui préviennent les interactions responsables de l'agrégation des protéines.

I.2.1/Les catalyseurs

L'isomérisation cis-trans de la liaison peptidyl-prolyl et la formation de ponts disulfures entre les fonctions thiols des résidus de cystéine constituent deux étapes limitantes du repliement. *In vivo*, deux familles d'enzymes, les PPiases et les PDI, vont catalyser ces deux réactions. L'étape lente d'isomérisation cis-trans de la liaison peptidique entre un résidu quelconque et un résidu de Proline (X----Pro) est catalysée par la famille des peptidyl-prolyl cis-trans isomérases, appelées PPIases (Fisher et al., 1984). Les PPIases ont été classées en trois familles abondantes et ubiquitaires : les cyclophilines ou CyP (Fisher et al., 1989), les FKBP ou *FK 506 binding protein* (Harding et al., 1989) et les parvulines (Rahfeld et al., 1994).

In vitro, les PPIases sont capable d'accélérer le repliement de nombreux substrats (β-lactamase, collagène,...). *In vivo*, les PPIases peuvent être localisées dans tous les compartiments cellulaires où une protéine doit se replier (cytoplasme, réticulum endoplasmique, mitochondrie) (pour revue: Gething, 1997).

La formation des ponts disulfures (liaisons covalentes entre deux groupements sulfhydryles de cystéines) est catalysée par la famille des PDI (pour *Protein Disulfide Isomerase*) découverte dans les années 1960 (Goldberger et al, 1963 ; Venetianer et al., 1963). Ces liaisons covalentes supplémentaires stabilisent la structure des protéines et sont nécessaires à l'acquisition de leur structure native. Les PDI sont très conservées chez les eucaryotes comme chez les procaryotes, elles appartiennent à la superfamille des thioredoxines, et sont constituées de deux chaînes polypeptidiques identiques de 60kDa, (Edman et al., 1985; Freedman et al. 1994). Contrairement au PPIases, les PDI sont exprimées uniquement dans les compartiments cellulaires impliqués dans la voie de sécrétion des protéines : lumière du réticulum endoplasmique des cellules eucaryotes ou espace périplasmique des procaryotes (pour revue Gilbert, 1997).

I.2.2/Les Chaperons moléculaires

Le terme de "chaperon moléculaire" désigne un groupe de protéines qui assistent le repliement des polypeptides, parfois dans l'assemblage de leur structure oligomérique, et prévient la formation d'agrégats ou de protéines mal repliées (Ellis et Hemmingsen, 1989; Ellis, 1987). Leur action de chaperon n'est pas une catalyse ou une accélération du repliement, mais permet d'augmenter le nombre de polypeptides en voie de repliement, au détriment des polypeptides en voie d'agrégation ou de dégradation. En effet, ces protéines particulières ont pour rôle d'assister le repliement d'autres protéines soit en leur fournissant un environnement plus favorable, soit en masquant les zones hydrophobes exposées au cours du transport et du repliement des polypeptides, afin de minimiser les interactions intra et intermoléculaires illicites conduisant à l'agrégation (Pelham,

1986). **Les chaperons moléculaires sont dans leur majorité des protéines "de choc thermiques" ou HSP pour *Heat Shock Protein*.** Les premières HSP ont été mises en évidence en 1962 par Ritossa, chez la drosophile (Ritossa, 1962). Ce dernier avait en effet constaté que l'expression de certains gènes de la drosophile pouvait être induite après une élévation de la température mais également dans d'autres conditions de stress telles que l'addition d'alcool ou de métaux. Bien que les HSP soient surexprimées en condition de stress, la plupart d'entre elles sont également présentes dans des conditions normales.

Les HSP sont regroupées en cinq familles en fonction de leur masse moléculaire et de leur homologie de séquence : les petites HSP ou sHSP (pour *small heat Shock Protein*) de 15 à 40 kDa, les HSP60 (chaperonines), les HSP70, les HSP90 et les HSP100 (pour revue : Bessinger et Buchner, 1998). Hormis les sHSP, tous les chaperons possèdent une activité ATPase qui contrôle leur fonction de chaperon moléculaire. Cette activité est, dans certains cas, régulée par des co-facteurs appelés co-chaperons. Le Tableau 1 représente une liste non exhaustive des différents chaperons et de leurs co-chaperons.

sHSP ou petites HSP

Organisme	Localisation	Chaperons	Co-chaperons
Bactérie	cytoplasme	IbpA, IbpB	
Levure	cytoplasme	HSP26	
Drosophile	Cytoplasme, noyau	Dm23,26,27	
Plante	chloroplaste	HSP21	
Mammifère	cytoplasme	HSP25, HSP27	
	Réticulum endo	HSP47	

HSP60 ou Chaperonines

Organisme	Localisation	Chaperons	Co-chaperons
Bactérie	cytoplasme	GroEL	GroES
Levure	cytoplasme	TCP1	
	mitochondrie	Mt-HSP60	Mt-HSP10
Plante	chloroplaste	RBP (ou Cnp60)	Cnp10
Mammifère	cytoplasme	TRIC	Gim
	mitochondrie	p60	HSP10

HSP70

Organisme	Localisation	Chaperons	Co-chaperons
Bactérie	cytoplasme	DnaK, Hsc66	DnaJ, GrpE, HSC20
Levure	cytoplasme	Ssa1, Ssb1, Ssb2	Ydj1, Sti1, Zuo
	mitochondrie	Ssc1, mt-HSP70	Mdj1p, Mge1p
	réticulum endo	Kar2p	Sec63p
Plante	cytoplasme	HSP70	Homologue DnaJ
	réticulum endo	BiP	
Mammifère	cytoplasme	HSC70, HSP70	HSP40,Hip,Hop, Bag1
	mitochondrie	Pbp74	Mt-GrpE1,2
	réticulum endo	BiP(Grp78)	

HSP90

Organisme	Localisation	Chaperons	Co-chaperons
Bactérie	cytoplasme	HptG	
Levure	cytoplasme	HSC82, HSP82	Sti1, HSP110, Cpr6
Mammifère	cytoplasme	HSP90α, HSP90β	HOP, p23, Cyp-40
	réticulum endo	Grp94	

HSP100

Organisme	Localisation	Chaperons	Co-chaperons
Bactérie	cytoplasme	ClpA,B,X,Y	
Levure	cytoplasme	HSP104, MecB	
Mammifère	?	HSP110	

Tableau 1: Liste des différents chaperons, de leur localisation et de leurs co-chaperons

Les sHSP

La famille des petites HSP (sHSP) regroupe des protéines de choc thermique ATP- indépendantes, ayant une masse moléculaire comprise entre 15 et 40 kDa.

Les études structurales et génétiques montrent que les petites HSP sont constituées de deux domaines: un domaine N-terminal, peu conservé, et un domaine C-terminal constitué d'une région d'une centaine de résidus, conservée chez toutes les sHSP homologue à l'α-cristalin, et d'une extrémité C-terminale variable (Wistow, 1985) (Figure 3A). Les sHSP forment des oligomères d'environ 8 à 24 sous unités, dont la structure varie d'une sHSP à l'autre et qui peuvent interagir avec plusieurs protéines (Figure 3B).

Elles sont fortement exprimées après un stress et peuvent protéger d'une agrégation irréversible les protéines dénaturées en formant de grands complexes solubles avec leur substrat. (Haslbeck, 2002). Les sHPS n'interviennent pas directement dans l'aide au repliement des protéines, mais indirectement, via les HSP70, qui vont prendre en charge les complexes sHSP/protéines dépliées pour les aider à se replier (Ehrnsperger et al., 1997 ; Lee et al. 1997). Durant un stress (par exemple une élévation de la température), les petites HSP protégeraient ainsi un réservoir de protéines prêtes à se replier dès le retour des conditions physiologiques (Horwitz, 1992)

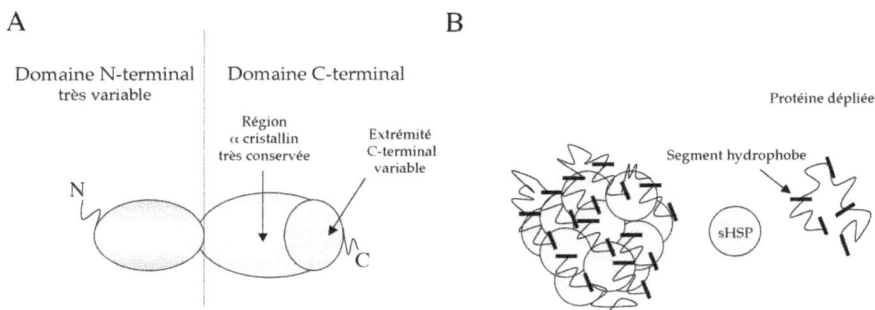

A

Domaine N-terminal | Domaine C-terminal
très variable

Région
α cristallin
très conservée

Extrémité
C-terminal
variable

N

C

B

Protéine dépliée

Segment hydrophobe

sHSP

Figure 3 : *Représentation schématique de la structure des sHSP (A) et de leurs interactions possibles avec les protéines cibles (B)*

Les HSP60 ou chaperonines.

Les "chaperonines", terme introduit par Hemmingsen en 1988 (Hemmingsen et al., 1988) décrit une famille de protéines de 60 kDa , divisée en deux sous-familles : les chaperonines GroEL chez les procaryotes, présentes également dans les mitochondries et les chloroplastes, et les TRiC ou CCT (pour TCP1 containing Ring Complex) chez les eucaryotes.

Ces deux sous-familles, bien que peu ou pas apparentées sont des homologues fonctionnels qui possèdent une architecture quaternaire similaire. Celle-ci s'organise en deux anneaux empilés chacun constitués de sept sous unités identiques (pour GroEL) (Figure 5 A et 5B), ou huit sous unités différentes (CCT) (Braig et al., 1994 ; Gao et al, 1992; Frydman et al., 1992). Cette structure quaternaire forme une cage dans laquelle les polypeptides en cours de repliement peuvent se replier dans un environnement protégé. Cette cage est suffisamment grande pour accueillir des chaînes de masse inférieure à 90 kDa (Xu et al., 1997). Les chaperonines de type GroEL s'associent avec les protéines GroES. Les protéines GroES s'oligomérisent en un anneau

17

heptamérique de sept fois 10 kDa qui forme un "dôme" venant se fixer à l'extrémité du cylindre de GroEL, refermant ainsi la cavité (Mande et al., 1996 ; Hunt et al., 1996 ; ; Xu et al., 1997 ; Saibil, 1996).

A   B

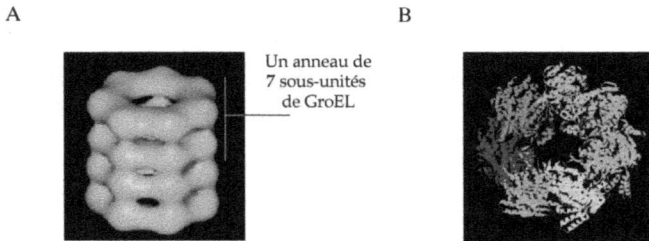

Figure 5   *A Structure de GroEL observée en microscopie électronique (Saibil, 1996).*

B Structure d'un anneau de GroEL en représentation longitudinale (chaque monomère étant d'une couleur différente (Xu et al., 1997).

Les HSP70

Les HSP70 constituent une famille ubiquitaire d'ATPases d'approximativement 70kDa, très conservées et que l'on retrouve dans pratiquement tous les organismes, tous les types cellulaires et dans les principales organelles. Leurs implications directes ou indirectes dans une multitude de fonctions cellulaires (du repliement des protéines nouvellement synthétisées, au contrôle de l'apoptose) les classent parmi les protéines cellulaires essentielles. Leur rôle fondamental dans le repliement des autres protéines (Hendrick et Hartl, 1993) est déterminé par leur capacité à fixer des segments peptidiques hydrophobes (exposés chez les protéines mal ou non repliées) et à les relâcher grâce à des changements conformationnels induits par l'ATP (Flynn et al.,1989; Lewis et Pelham, 1985 ; Sadis et Hightower, 1992).
Les HSP70 seront décrites en détail dans la partie suivante.

Les HSP90

Les HSP90 sont des protéines de choc thermiques de 90 kDa, ATP dépendante (Young et al., 2001), ubiquitaires et abondamment présentes dans l'ensemble des compartiments cellulaires étudiés. Les HSP90 sont des protéines dimériques de forme allongée (pour revue voir Pearl et Prodromou, 2000). Elles possèdent dans leur domaine N-terminal un site de fixation et d'hydrolyse de l'ATP (Stebbins et al., 1997). Le Domaine C-terminal semble non seulement impliqué dans la dimérisation de la protéine (Wearch et Nicchitta, 1996), mais aussi être associé à la fixation des protéines dénaturées (Scheibel et al.,1998). Chez les eucaryotes, les HSP90 interagissent de façon essentielle avec des protéines impliquées dans les voix de transduction du signal et de régulation du cycle cellulaire, telle que des kinases, des récepteurs d'hormones et des facteurs de transcription (pour revue Buchner, 1999) Les HSP90 sont capables en outre d'interagir avec la famille des HSP70 et certain de leurs co-chaperons comme DnaJ, HIP, HOP (Kimura et al ., 1995; Hohfeld et al., 1995). *In vitro*, les HSP90 sont capables de prévenir l'agrégation des protéines en les maintenant dans une conformation favorable à la renaturation (Freeman et Morimoto, 1996). Cependant, elles ne semblent pas impliquées dans le repliement des protéines nouvellement synthétisées, mais plutôt jouer un rôle dans la réactivation des protéines après un stress et dans l'aide au repliement de protéines mal repliées (Nathan et al.,1997).

Les HSP100

La famille des HSP100, est également appelée famille des Clp (*pour Caseino Lytic Protease*). Les membres de cette grande famille diffèrent au niveau de leur type d'expression (induite par le stress ou constitutive), leur localisation cellulaire et leur fonction biologique. Les HSP100 possèdent suivant leur classe un ou deux sites de fixation et d'hydrolyse de l'ATP (un site pour les HSP100 de classe 1 et deux sites pour les HSP100 de classe 2). En solution et en présence de nucléotides (ATP ou ADP) les HSP100 forment des anneaux hexamériques (Kessel et al., 1996). L'assemblage de cet anneau permet la constitution d'une surface d'interaction très large qui serait capable de fixer des substrats polypeptidiques d'une taille très importante (Schrimer et al., 1996). Leurs fonctions sont diverses: Hsp104 est nécessaire à la tolérance à différents stress (Sanchez et Lindquist, 1990; Sanchez et al., 1992), ClpA et ClpX ont été impliquées dans la protéolyse de substrats spécifiques (Gottesman et al., 1993, Katayama et al., 1988; Wojtkowiak et al.,1993), MecB régule l'expression de certain gènes (Msadek et al., 1994). Toutes ces activités semblent reposer sur la capacité des Hsp100 à désassembler des agrégats protéiques formés après le choc thermique (Parsell et al., 1994) et à participer à la dégradation des protéines non ou mal repliées *in vivo* (Katayama et al., 1988).

Le «Trigger Factor»

Le Trigger Factor d'*E.coli* est une protéine cytoplasmique abondante de 60 kDa. Il présente trois domaines structuraux : un domaine de liaison à la sous unité 50S des ribosomes (Lill et al., 1988; Hesterkamp et al., 1997), un domaine possédant une activité peptidyl-prolyl-*cis/trans*-isomérase qui permet l'isomérisation trans vers cis des résidus de prolines (Stoller et al., 1996), et un domaine doté d'une fonction de chaperon moléculaire capable de se lier aux chaînes polypeptidiques naissantes (Hesterkamp et al., 1996). Le Triger factor coopère avec DnaK pour le repliement des chaînes polypeptidiques naissantes (Deuerling et al.,1999). Le tableau ci dessous, représente une liste des principaux chaperons présents chez *E.coli*, ainsi que les phénotypes associés à leur mutant et les principales fonctions supposées.

Famille de chaperon	Structure Active	ATP	Membre chez E.coli	Nb d'espèces actives par cellule	Phénotype Mutant nul	Fonctions
HSP100	6-mère	+	ClpA		Pas de phénotype	-Dégradation des protéines
			ClpB	500	Réduit la thermotolérance	-Désagrégation des protéines
HSP90	Dimère	+	HtpG	1050	Croissance réduite à 44°C	-Inconnue
HSP70	Monomère	+	DnaK Co-Chaperons DnaJ/GrpE	9900	Croissance Thermosensible À 39°C	-Aide au repliement -Prévention des agrégations à hautes températures -Régulation des HSP -Désagrégation des protéines
HSP60	14-mère	+	GroEL Co-chaperons GroES	1230	Léthal	-Aide au repliement -Prévention des agrégations à hautes températures
sHSP	8-24-mère		IbpA IbpB	<600	Pas de phénotype	-Prévention des agrégations à hautes températures
Trigger-Factor	Monomère		Trigger-Factor	20000	Pas de phénotype	-Chaperon associé au ribosome -Aide au repliement

Tableau 2 : Liste des principaux chaperons chez E.coli (inspirée de « Molecular Chaperones Folding Catalyst », Bukau.B, Harwood Academic Publishers)

II / Les HSP70

II.1/ Une séquence protéique très conservée.

Les HSP70 possèdent une séquence d'environ 650 résidus qui a été très conservée au cours de l'évolution. La comparaison des séquences de 24 homologues procaryotes et eucaryotes a montré une identité d'au moins 45% (Boorstein et al., 1994).

Cette extraordinaire conservation a par ailleurs permis de réaliser une classification phylogénique de toutes les cellules vivantes. En particulier, la comparaison de séquences des différents membres des HSP70 montre que les 500 premiers résidus (environ les trois premiers quarts de la protéine) sont remarquablement bien conservés, et suivi d'une partie C-terminale beaucoup plus variable (Chappell et al., 1987). Cependant il existe à l'intérieur de cette séquence C-terminale globalement plus divergente, des motifs conservés à l'intérieur de sous-familles de HSP70. Ces différentes sous-familles qui ont pu être mises en évidence par des arbres phylogénétiques, correspondent chacune à une localisation cellulaire différente (cytosol, mitochondrie, réticulum endoplasmique, chloroplaste). De plus certaines séquences précises sont différentes suivant la localisation cellulaire de la protéine. Le motif GP(T/K)(V/I)EEVD présent dans les HSP70 cytoplasmiques pourrait être impliqué dans la régulation de l'activité des HSP70 (Freeman et al., 1995) ; les séquences des HSP70 du réticulum endoplasmique contiennent , quand à elles , le motif de rétention (K/H)DEL spécifique du compartiment (McKay, 1994).

II.2/ Structure tridimensionnelle

Pendant de nombreuses années, à cause des propriétés d'oligomérisation de ces protéines, nous avons du nous contenter des structures tridimensionnelles séparées des domaines N et C terminal des HSP70. Ce n'est que très récemment que la structure de la protéine Hsc70 entière a pu être résolue par cristallographie et diffraction aux rayons X (Jiang et al., 2006).

Les chaperons moléculaires de 70 kDa se composent de deux domaines structuraux et fonctionnels: Un domaine N-terminal (-44 kDa) qui contient l'activité ATPase, et un domaine C-terminal lui même divisé en deux sous-domaines : un sous-domaine intermédiaire (-18 kDa) de fixation des peptides substrat (PDB pour *Peptide Binding Domain*) , et un sous-domaine C-terminal (-10 kDa) (Chappell et al., 1987 ; Wang et al., 1993). La première structure tridimensionnelle du domaine ATPase N-terminal obtenue par diffraction aux rayons X fut celle de l'Hsc70 bovine (pour *Heat Schock Cognate* protein) résolue à 2,2 Å (Flaherty et al., 1990) (Figure 7B). Ce domaine N-terminal est composé de deux lobes de tailles équivalentes entre lesquels viens se fixer l'ATP. La structure du domaine N-terminal de DnaK en complexe avec GrpE a été résolue à 2,5 Å: elle présente une grande similitude avec celle de Hsc70. Ainsi, le modèle structural du domaine ATPasique de Hsc70 ou de DnaK peut être étendu à toutes les HSP70, compte tenu de la similarité de séquences entre ces protéines et du fait qu'à 2,5Å, les structures cristallographiques des domaines N-terminal de Hsp70 et de DnaK montrent une très fortes homologie avec celle de Hsc70 (Harrison et al., 1997 ; Sriram et al., 1997). Par ailleurs, cette structure présente des homologies de repliement avec la structure d'autres protéines interagissant avec l'ATP, comme l'actine ou l'hexokinase (Bork et al., 1992 ; Flaherty et al., 1991).

La structure cristallographique du domaine C-terminal de DnaK (*E.coli*) a également été déterminée (Zhu et al., 1996) (Figure 7B). Elle consiste en un sous domaine en feuillets β composée de deux feuillets β de 4 brins antiparallèles qui forme un sillon hydrophobe dans lequel vient se loger le peptide substrat dans une conformation étendue. Ce domaine de fixation des peptides est prolongé par des segments en hélice α, composés de cinq hélices ᾶ.La grande hélice α2 reposant au-dessus du sillon interagie avec le sous domaine β mais pas avec le peptide substrat. Elle aurait pour fonction de stabiliser l'interaction entre DnaK et son substrat.

La structure du domaine de fixation des peptides de DnaK et plus particulièrement la nature hydrophobe du sillon explique la capacité d'interaction des HSP70 avec la plupart des polypeptides non repliés, où des résidus hydrophobes sont exposés, tout en faisant fi des polypeptides repliés (protéines natives), où de tels résidus sont enfouis (Gragerov et al., 1994 ; Richarme et Kohiyama, 1993). Selon les méthodes de résolution de structure et les homologues utilisés (DnaK, par cristallographie (Zhu et al., 1996 ; DnaK,par RMN (Wang et al.,1998 ; Hsc70 par RMN (Morshauser et al., 1999) la position de la longue hélice α2 varie légèrement. Néanmoins toutes ces données sont cohérentes avec le modèle dans lequel une partie de l'hélice α2 se déplace autour d'une région charnière (résidus 536 à 538 de DnaK) et adopte ainsi deux conformations: une "ouverte" permettant l'accès au site et une "fermée" stabilisant l'interaction entre le peptide et le sous domaine β. L'hélice α2 jouerait donc le rôle de couvercle vis à vis du site de fixation des substrats en modulant son accessibilité.

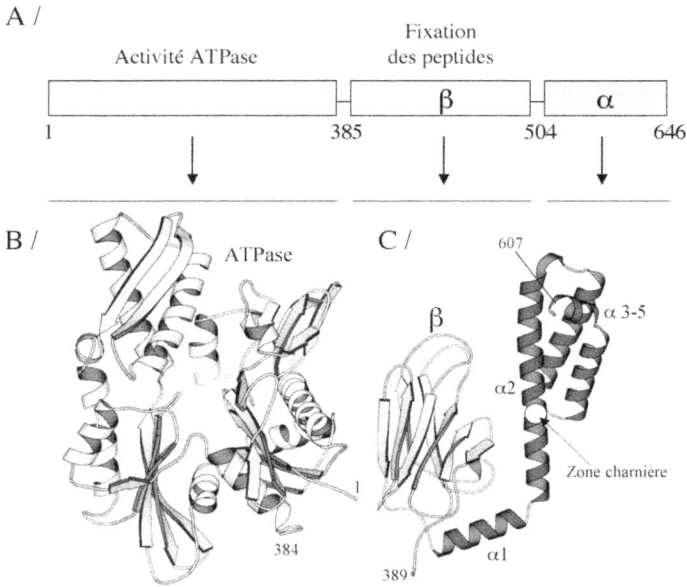

Figure 7 : *Structure des HSP70.*

A/ Représentation schématique de l'organisation en domaine de la protéine Hsc70.

B/ Structure tridimensionnelle du domaine N-terminal de la protéine Hsc70 (résidus 1 à 384) (Flaherty et al., 1990).

C/ Structure tridimensionnelle du domaine C terminal de DnaK (résidu 389 à 607) (Zhu et al., 1996). La zone charnière de l'hélice α2 permettant de moduler l'accès au site de fixation des peptides est représentée par un cercle blanc.

II.3/Structure quaternaire des HSP70

Les HSP70 existent, en solution, sous forme d'un équilibre lent entre monomères, dimères et des formes de plus haut poids moléculaire. L'addition d'ATP ou de protéines dénaturées ainsi que la dilution déplace cet équilibre vers les formes monomériques (Benaroudj et al., 1996; Schonfeld et al.,1995). Il a été monté que le domaine de fixation des peptides (P.B.D) des HSP70 est le domaine responsable de l'oligomérisation (Benaroudj et al., 1997; Fouchaq et al., 1999).

Le rôle biologique de cette oligomérisation n'a pas été démontré. Cependant, des hypothèses indiquent qu'elle pourrait jouer un rôle dans la régulation de l'activité chaperon (Nicolet et Craig, 1991 ; Wild et al., 1992); la forme monomérique semblant être la forme active de la protéine (Palleros et al., 1993; Blond - Elguindi et al.,1993; Gao et al., 1996).

II.4/ Propriétés fonctionnelles

Grâce à leur domaine N-terminal les HSP70 sont capables de fixer et d'hydrolyser l'ATP. Cette activité ATPasique est toutefois très faible (Kcat de l'ordre de 0,1 min-1) bien que l'affinité pour l'ATP soit forte (Kd de 10nm selon Gao et al., 1994). Des études cinétiques ont pu montrer des différences entre les membres de la famille des HSP70: pour Hsc70 l'étape limitante semble être la libération du phosphate (Sadis et Hightower, 1992) alors que pour DnaK et Ssa1p il semble que ce soit l'hydrolyse de l'ATP qui semble limiter leur activité (Theyssen et al., 1996; Ziegelhoffer et al., 1995).

Les HSP70 sont également capables, via leur domaine central, de fixer des protéines dénaturées et certains peptides. Les études de fixation par utilisation de peptides synthétiques ou du système de *phage display* (banque de peptides portés par des phages) ont montré que les HSP70 fixent préférentiellement les peptides riches en résidus hydrophobes qui sont habituellement enfouis dans les structures natives des protéines, toutefois de légères variations de spécificité entre les différents membres des HSP70 ont pu être observées: Hsp70 et Hsc70 fixent avec une forte affinité des peptides constitués d'un coeur hydrophobe (résidus aliphatiques et aromatiques), suivis de résidus basiques (Fourie et al., 1994 et Takenaka et al.,1995).

DnaK fixe préférentiellement des peptides constitués d'un coeur hydrophobe de quatre résidus aliphatiques (Leu ou Val, Ile et quelquefois Phe et Tyr) flanqué de résidus basiques (Gragerov et al.,1994; Rudiger et al., 1997) . Bip (HSP70 du réticulum endoplasmique) fixe les peptides composés de résidus hydrophobes en position paire, en excluant tout résidu chargé à ces positions (Blond-Elguindi et al., 1993).

II.5/ Le cycle fonctionnel des HSP70

L'activité chaperon des HSP70 résulte du couplage entre l'activité ATPasique et l'activité de fixation des peptides. De cette façon, la protéine fixe son substrat de manière transitoire, sous le contrôle de la fixation et de l'hydrolyse de l'ATP. D'un point de vue général, les HSP70 existent sous deux conformations en fonction du nucléotide présent dans le site actif (ATP ou ADP):

-une forme de **haute affinité** pour les protéines substrats liée à l'**ADP**. ("fermée")

-une forme de **faible affinité** liée à l'**ATP** ("ouverte").

Cette différence d'affinité pour les substrats, entre les formes liées à l'ATP ou à l'ADP, est expliquée au niveau structural par des changements conformationels du domaine de fixation des peptides, suivant la nature du nucléotide fixé et la position des hélices α du domaine C-terminal. En comparant les profils de digestion protéolytique, en mesurant des changements de fluorescence ou encore par l'analyse de diffusion de lumière il a été montré que la nature du nucléotide fixé au site catalytique influe sur la conformation de la protéine (Libereck et al, 1991 ; Banecki et al, 1992 ; Wilbanks et al, 1995 ; Shi et al , 1996). Des études cinétiques de fixation des peptides en présence d'ATP ou d'ADP ont révélé que ces deux conformations étaient capable de fixer les peptides mais avec des affinités différentes (voir Tableau 3)

La forme HSP70-ATP présente des vitesses de fixation et de dissociation des peptides relativement élevées, entraînant une faible affinité pour le substrat.

Au contraire chez la forme HSP70-ADP les vitesses d'association et de dissociation du complexe diminue de telle sorte que l affinité pour le peptide augmente (Schmid et al, 1994 ; Greene et al, 1995). De plus la détermination cristallographique de la structure de DnaK a permis de mettre en évidence deux positions de l'hélice α2 dans le cristal (Zhu et al., 1996). La rotation de cette hélice permettrait l'ouverture ou la fermeture du site de fixation des peptides.

	ATP	ADP
DnaK	$K_{on} = 9,4.10^3\ M^{-1}s^{-1}$ $K_{off} = 4.10^{-3}\ s^{-1}$ $Kd = 2,2\mu M$	$K_{on} = 1,4.10^2\ M^{-1}s^{-1}$ $K_{off} = 4,6.10^{-2}\ s^{-1}$ $Kd = 63\ nM$
HSC70	$K_{on} = 1,4.10^2\ M^{-1}s^{-1}$ $K_{off} = 4,6.10^{-2}\ s^{-1}$ $Kd = 300\ \mu M$	$K_{on} = 20\ M^{-1}s^{-1}$ $K_{off} = 1,5.10^{-4}\ s^{-1}$ $Kd = 7\ \mu M$

Tableau 3 : *Paramètres cinétiques de la fixation des peptides en présence de nucléotides chez deux homologues HSP70 : DnaK (E.coli) et HSC70 (cytosol chez le rat), (Schmid et al. , 1994 et Greene et al., 1995). K_{on} et k_{off} sont les constantes de vitesse d'association et de dissociation du complexe HSP70 déterminées expérimentalement. Kd est la constante de dissociation déterminée expérimentalement.*

La forme HSP70-ATP se lierait donc aux peptides, mais la demi-vie du complexe serait trop faible pour être fonctionnelle. Suite à l'hydrolyse de l'ATP, la forme HSP70-ADP résultante formerait un complexe avec les peptides, stabilisé par les hélices C-terminales. L'échange de ADP par l'ATP entraînerait ensuite un changement de conformation aboutissant à la libération du peptide (Flynn et al., 1989). La forme HSP70-ATP pourra alors entrer dans un nouveau cycle (Bukau et Horwich, 1998).

La fonction de chaperon moléculaire des HSP70 serait donc exercée, via ces cycles successifs de fixation et de libération des substrats peptidiques, couplée à des cycles d'association et d'hydrolyse de l'ATP. La fixation sur le substrat empêcherait son agrégation et sa libération lui permettrait de se replier, de se réassocier avec le chaperon Hsp70 ou d'être transféré à un autre chaperon. **Le changement de conformation dirigé par les nucléotides ATP et ADP s'assimile donc à un transfert d'informations du domaine N-terminal vers les domaines C-terminal, permettant à l'activité ATPase de moduler l'affinité des HSP70 pour les peptides.** Un transfert d'information existe aussi dans le sens C-terminal vers N-terminal puisque la fixation de peptides entraîne l'activation de l'activité ATPase (augmentée d'un facteur 2 à 3, Flynn et al., 1989 et Sadis et Hightower, 1992). Ainsi, grâce à des changements de conformation, les HSP70 couplent leurs activités ATPase et de fixation des peptides et leur permettent d'accomplir leur fonction de chaperon moléculaire (<u>Figure 8</u>).

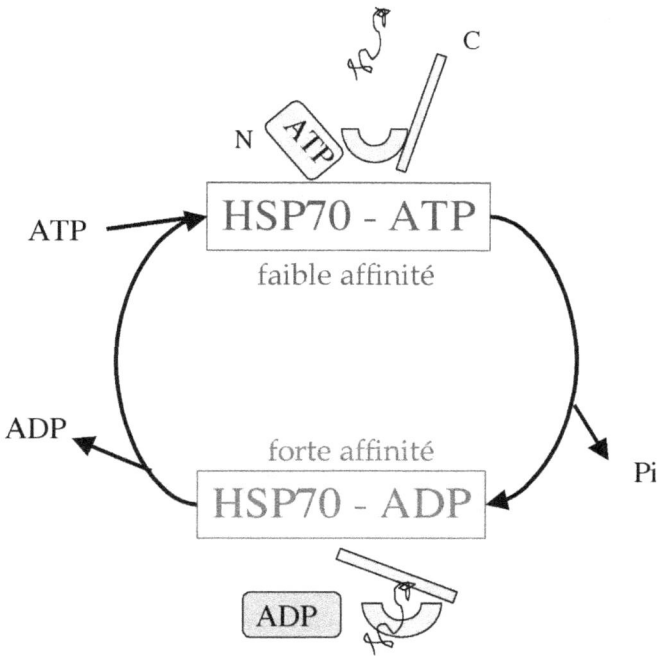

Figure 8: Cycle de fixation et de libération du peptide substrat par les HSP70 en présence d'ATP (Takeda et McKay, 1996)

II.6/Le rôle des co-chaperons

Cependant, l'activité ATPase basale des HSP70, ainsi que celle d'échange de l'ADP par l'ATP sont trop faibles pour être à l'origine d'une activité chaperon, et ce même en présence de substrat. D'où la nécessité de co-facteurs appelés co-chaperons qui vont stimuler à la fois l'hydrolyse de la ATP et l'échange de l'ADP par l'ATP; régulant ainsi l'activité chaperon des HSP70.

II.6.1.Le système procaryote.

Il existe chez les procaryotes (mis en évidence chez *E.coli*) deux familles de co-chaperons: la famille des protéines de type DnaJ et celle des GrpE.

La famille DnaJ

DnaJ est une protéine de 41 kDa, composée de 3 régions. Un domaine J (N-terminal), un domaine riche en résidu de glycine et de phénylalanine (domaine G/F), une région riche en résidu de cystéine formant deux doigts de zinc (domaine à doigt de zinc) et une partie C-terminal variable.

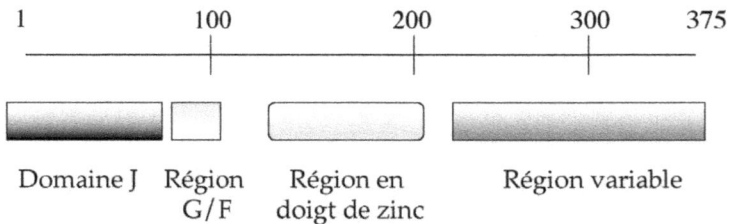

Figure 9 : Schéma de la structure primaire de DnaJ

Le rôle des co-chaperons de type DnaJ est d'augmenter l'activité ATPase de DnaK en augmentant la vitesse maximale d'hydrolyse de l'ATP (Russell et al., 1999). DnaJ va donc favoriser la forme HSP70-ADP de forte affinité pour les substrats (Pierpaoli et al., 1998).

Le domaine J, N-terminal, d'environ 70 résidus très conservés (Cheetham et Caplan, 1998), est responsable de l'interaction avec le domaine N-terminal de DnaK (dans un rapport 1:1) et de la stimulation de son activité ATPasique (d'un facteur de 2 à 10: Wall et al., 1994 ; Chevalier et al., 2000). Cependant il semblerait que DnaJ puisse également interagir avec le domaine de fixation des peptides de DnaK. En effet un mutant de DnaK amputé de ses 94 résidus C-terminaux se retrouve incapable d'interagir avec DnaJ (Wawrzynow et Zylicz, 1995), et chez les eucaryotes, Hsp40 (l'homologue de DnaJ) est capable d'interagir, *in vitro*, avec Hsp70 et Hsc70 amputés de leur domaine N-terminal (Demand et al., 1998 ; Gebauer et al., 1997). En plus de cette activité de co-chaperon DnaJ possède également une activité propre de chaperon moléculaire. Elle est en effet capable de se lier à des substrats polypeptidiques, de les présenter à DnaK et de stabiliser le complexe ainsi formé (Gamer et al., 1992 ; Langer et al., 1992 ; Liberek et al., 1995). DnaJ induirait également des changements conformationels chez DnaK augmentant ainsi son affinité pour les structures secondaires en hélices α très présentes dans les protéines (De Crouy-Chanel et al., 1997)

La famille GrpE

La seconde famille de co-chaperon interagissant avec DnaK est celle des GrpE. GrpE favorise l'échange de l'ADP par l'ATP en modulant l'affinité de DnaK pour l'ATP et l'ion Mg^{2+} (Skowyra et Wickner, 1995). GrpE est indispensable pour recycler la machinerie de DnaK, puisque l'échange des nucléotides est l'étape limitante du cycle fonctionnel de DnaK. GrpE est une protéine de 22 kDa qui existe en solution sous la forme d'un dimère allongé. GrpE se fixe au domaine N-terminal (ATPase) de DnaK, via une boucle très conservée du domaine de DnaK. Cette boucle est nécessaire pour une liaison stable de GrpE (Buchberger et al., 1994)

La structure cristallographique d'un dimère de GrpE complexé au domaine ATPase de DnaK a montré que la liaison d'une sous unité du dimère de GrpE induit l'ouverture du site de fixation des nucléotides de DnaK et facilite ainsi l'échange ADP-ATP (Harrison et al., 1997). Toutefois il est probable que les longues hélices du dimère de GrpE puissent également interagir avec le domaine de fixation des substrats ou le domaine C-terminal de DnaK. En effet, les hélices de GrpE se trouvent dans le cristal face à face avec la région où devrait être localisés les domaines de fixation des peptides et C-terminal de DnaK.

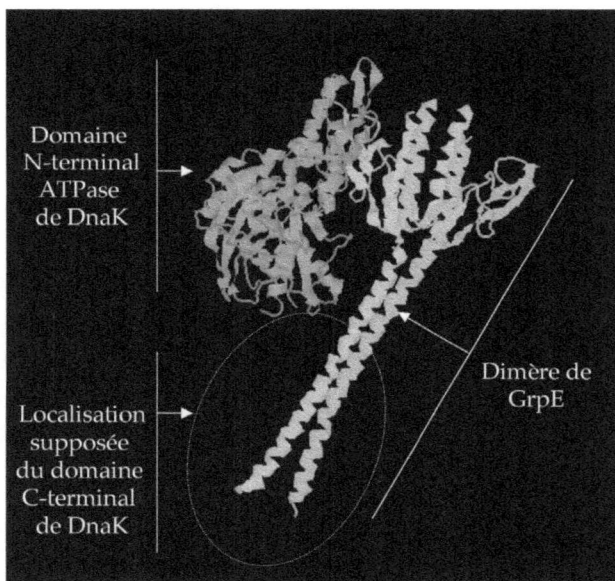

Figure 10: Représentation de la structure cristallographique d'un dimère de GrpE complexé au domaine N-terminal ATPase de DnaK (Harrison et al., 1997)

De surcroît, il a récemment été montré que GrpE joue un rôle dans la libération du peptide substrat. *In vitro,* GrpE grâce à ses 33 premiers résidus N-terminaux, peut en présence d'ATP accélérer la libération par DnaK du peptide-substrat, tout en prévenant toute nouvelle association entre ces derniers (Brehmer and al., 2004). Ce rôle pourrait être joué grâce à une interaction entre les hélices de GrpE et le domaine C-terminal ou d'interaction avec les peptides de DnaK.

En plus de ces activités de stimulation de l'échange ADP/ATP et de libération du substrat, GrpE pourrait jouer le rôle de «*Thermo Sensor*» , en régulant l'activité de DnaK par rapport à la température: l'augmentation de température entraîneraient un changement de conformation de GrpE réduisant son activité d'échange ADP/ATP . Ce qui aurait pour résultat de stabiliser le complexe DnaK/peptide substrat et donc d'adapter la fonction de DnaK à la protection par fixation à hautes températures des zones hydrophobes des protéines, zones particulièrement exposées en condition de stress (Grimshaw et al., 2003).

II.6.2.Le système eucaryote.

*L*e système à trois partenaires, isolé chez les procaryotes (DnaK /GrpE/ DnaJ) ne semble pas transposable au système eucaryote. En effet, bien qu'il existe de nombreux homologues de DnaJ dans tous les compartiments cellulaires eucaryotes (la famille des Hsp40), on ne retrouve des homologues de GrpE que dans la mitochondrie et dans les chloroplastes, c'est à dire dans des organites d'origine procaryote(Bukau et Horwich, 1998). Deux hypothèses permettent d'expliquer l'absence d'homologues de GrpE dans le réticulum endoplasmique et le cytoplasme serait que les HSP70 eucaryotes possèdent des propriétés intrinsèques différentes de celles de leurs homologues procaryotes, ou que d'autres protéines, différentes de GrpE, joueraient le rôle de facteurs d'échange (homologie fonctionnelle).

Selon la première hypothèse, chez les HSP70 eucaryotes, l'étape d'échange ADP/ATP ne serait pas limitante. Les HSP70 eucaryotes n'auraient donc pas besoin d'un co-chaperon tel que GrpE pour stimuler l'échange de l'ADP par l'ATP (Hartl, 1996). Le complexe ADP-HSP70 (eucaryote) serait instable et évoluerait rapidement vers une forme ATP-HSP70 par un échange du nucléotide (Hiromura et al., 1998). L'isolement de HIP (pour *Hsc70 Interacting Protein*) soutient cette hypothèse (Höhfeld et al., 1995). En effet, HIP interagirait avec le domaine N-terminal des HSP70 eucaryote pour stabiliser la forme ADP-HSP70 permettant ainsi de réguler le système et de s'affranchir de GrpE (Ziegelhoffer et al., 1996).

D'un autre coté, des homologues fonctionnels, de GrpE ont pu être mis en évidence. HOP (Gebauer et al., 1997) et Bag-1 (Hohfeld et Jentsch, 1997). Bien que sans homologies avec GrpE, ils seraient capables de stimuler l'échange ADP/ATP. Mais dans les deux cas les résultats restent controversés et la présence d'une activité de type GrpE n'a toujours pas été mise en évidence dans le cytoplasme des cellules eucaryotes. Récemment, la protéine CHIP (*Carboxyl terminus of Hsc70-interacting Protein*) a été identifiée comme un nouveau co-chaperon de Hsc70 et de Hsp70 (Ballinger et al., 1999). Il semblerait que CHIP soit un inhibiteur de l'activité chaperon des Hsc70/Hsp70.

III/ DnaK

L'ensemble du travail présenté ici est axé sur l'étude d'une des HSP70 les mieux caractérisées DnaK chez *E.coli*.

La découverte du gène *dnaK*, fait suite aux études menées sur une mutation primitivement appelé *groPAB756* puis *groPC756* (gro pour growth) qui entraîne l'arrêt de la croissance du phage λ . Un suppresseur extragénique de cette mutation a également pu être localisé dans le gène *P* de l'ADN du phage λ (Georgopoulos, 1977). La mutation ayant entraîné également un arrêt de la réplication de l'ADN chez *E.Coli* à 42°C, le gène fut rebaptisé *dnaK*. Le gène *dnaK*, dont la séquence nucléotidique a été déterminée par Bardwell et Craig en 1984, se situe en amont de l'opéron *dnaK/dnaJ* et est localisée à la 0,3ième minute du chromosome bactérien. Sa délétion n'est pas léthale à 30°C, mais le devient en dessous de 20°C et au dessus de 37°C (Bukau et Walker, 1989). DnaK est une protéine très abondante du cytosol d'*E.coli*. A 30°C, elle représente environ 1% des protéines totales et, est surproduite en cas de stress comme une élévation de la température. A 42°C, DnaK représente environ 2% des protéines totales chez *E.coli* (Herendeen et al., 1979).

III.1/Les autres HSP70 chez *E.coli*

Deux homologues de DnaK ont pu être identifié chez *E.coli*: la protéine HSC62 (Yoshimune et al., 1998) codée par le gène *hscC* (Itoh et al., 1999), et la protéine HSC66 codée par le gène *hscA*. L'expression de HSC66 est constitutive et couplée avec celle du gène adjacent codant pour une ferredoxine (Seaton et Vickery, 1994). Cette expression est augmentée par un choc thermique vers les basses températures et non vers les hautes températures. HSC66 est donc une protéine de choc cryogène (Lelivet et Kawula, 1994). Le gène *hsc*A est co-exprimé avec le gène *hscB*, qui code pour la protéine HSC20, dont la séquence présente une homologie partielle avec celle de DnaJ. HSC66 possède une activité ATPase stimulé par HSC20, et une activité chaperon anti-agrégation. Mais le tandem HSC66/HSC20 semble remplir des rôles bien différents de ceux du trio DnaK/DnaJ/GrpE (Vickery et al., 1997; Hesterkamp et Bukau, 1998).

III.2/La régulation de DnaK

Le gène *dnaK* fait partie du régulon de choc thermique σ^{32}. σ^{32} est le facteur de transcription qui va stimuler la synthèse des HSP en condition de stress (Gross et Hessefort, 1996). Il existe également un autre régulon de choc thermique appelé σ^{24}, ou σ^E, dont le facteur de transcription σ^E contrôle la synthèse des protéines fournissant les fonctions nécessaires à la survie d'*E.coli* dans des conditions de stress thermique extrême (50°C) et de stress extracytoplasmique (Mecsas et al., 1993; Raina et al., 1995).

Cependant, il faut noter que DnaK est relativement abondante en conditions normales. De plus, il existe chez les eucaryotes des protéines chaperons dont la synthèse est **constitutive**. Prenons l'exemple de Hsc70 (également étudiée ce travail), qui bien que possédant une très forte homologie de structure primaire avec les autres HSP70, est synthétisée de manière constitutive au lieu d'être induite par un choc thermique (Ingolia et Craig, 1982). Chez *E.coli* on peut également trouver des chaperons constitutifs tel que: le Trigger Factor, SecB, HSC66, ou encore ClpA.

III.2.1.Rôle de σ^{32} lors du choc thermique.

Le régulateur de la synthèse des protéines de choc thermique, σ^{32}, est codé par le gène *rpoH*. Une souche d'*E.coli* mutée dans ce gène présente différentes anomalies (thermosensibilité, division anormale) et est incapable de synthétiser les HSP suite à un choc thermique (Neidhardt et VanBogelen, 1981; Neidhardt et al., 1983).

Le gène *rpoH* est situé vers la 76ième minute du chromosome d'*E.coli* (Crickmore et Salmond, 1986) et contient la séquence codant pour une protéine de 32 kDa: σ^{32} (Landick et al., 1984). La protéine σ^{32} est un facteur de transcription distinct du facteur de transcription habituel σ^{70} codé par le gène *rpoD*. En effet, le facteur σ^{32} reconnaît des régions promotrices différentes de celles reconnues par σ^{70} et appelées **promoteurs de choc thermique**. Ces promoteurs particuliers présentent une séquence TCTCNCCCTTGAA dans la région –35; et une séquence CCCCATTTA dans la région –10 (Cowing et al., 1985). La transcription des gènes des HSP est donc assurée et gérée par la concentration intracellulaire de σ^{32} (Straus et al., 1987). La transcription du gène *rpoH* est elle-même sous le contrôle de deux types de promoteurs: des promoteurs reconnus par le facteur de transcription standard σ^{70}, et un promoteur dépendant de σ^{E} qui va être activé en cas de perturbation à l'extérieur du cytoplasme (membrane externe ou espace périplasmique) ou de températures extrêmes (50°C). Cependant, malgré cette complexité transcriptionnelle, ce n'est pas une augmentation de la transcription de *rpoH* qui déclencherait la réponse au choc thermique, mais une activation de la traduction de l'ARN messager de *rpoH*.

III.2.2. Activation traductionnelle de *rpoH*.

C'est une « dérépression » de la traduction de l'ARN messager du gène *rpoH* qui déclenche principalement la synthèse de σ^{32} à la suite d'un choc thermique. Cette théorie de régulation par « dérépression » de l'ARN messager a été établie grâce aux études basées sur l'expression d'une protéine de fusion σ^{32}–β-galactosidase en présence d'inhibiteurs de transcription: lorsque la synthèse d'ARNm est bloquée par la Rifampycine, la protéine de fusion reste induite par le choc thermique (Nagai et al.,1991).Cette répression traductionnelle du gène *rpoH* et la grande instabilité du facteur σ^{32} (sa demi-vie n'est que d'une minute) expliquent sa faible concentration intracellulaire en conditions normales (sans stress), tout juste suffisante pour maintenir le niveau de base de synthèse des HSP.

La répression traductionnelle est due à un appariement interne entre deux régions complémentaires de l'ARN messager de *rpoH*, l'une (appelée région A ou «downstream box») située tout prés du début du gène (20 premiers nucléotides) et l'autre (appelée région B) qui va des nucléotides 120 à 200. La structure secondaire ainsi formée à l'extrémité 5' de l'ARN messager séquestrerait le codon d'initiation (AUG) de la traduction et empêcherait donc le ribosome d'y accéder (Nagai et al., 1991 ; Yuzawa et al., 1993). A hautes températures la structure secondaire formée par l'appariement des régions A et B serait transitoirement déstabilisée ou rompue permettant ainsi un taux plus grand d'initiation de la traduction (Morita et al., 1999). C'est donc la structure secondaire de l'ARNm de *rpoH* lui même qui joue un rôle de « thermomètre moléculaire », sans intervention d'autres facteurs (Storz, 1999).

III.2.3. Répression de σ32 par DnaK

On sait depuis longtemps que DnaK joue un rôle dans la répression de σ32: en effet, chez un mutant thermosensible *dnaK-ts*, il y a synthèse constitutive de toutes les HSP à la température non permissive (Tilly et al., 1983). DnaK et ses deux co-chaperons DnaJ et GrpE interviendraient dans la répression de σ32 à trois niveaux (voir Figure 11):

Au niveau de l'activité de σ32: Le mécanisme proposé serait celui d'une séquestration de σ32 par DnaK, DnaJ et GrpE en temps normal (sans stress). Dnak avec DnaJ et GrpE, interagirait de manière réversible avec σ32 pour l'inactiver (Straus et al., 1989; Straus et al., 1990 ; Liberek et al., 1992).

Au niveau de la stabilité de σ32 : DnaK se fixerait à σ32 au niveau d'une séquence précise appelée région C (nucléotides 360 à 430), très conservée au sein des σ^{32} .Le complexe ainsi formé permettrait le recrutement d'un troisième partenaire: une métalloprotéase (produit du gène *ftsH* ou *hlfB*) logée dans la membrane interne qui se chargerait de la destruction de σ^{32} (Gamer et al., 1992; Herman et al., 1995; Tomoyasu et al., 1995). Des mutations dans Dnak, DnaJ GrpE ou dans la région C de σ^{32} diminuent *in vivo* d'environ dix fois le taux de dégradation de σ^{32} (Tilly et al., 1989)

Au niveau traductionnel: L'interaction co-traductionnelle entre DnaK et la région C de σ^{32} entraînerait une répression traductionnelle par un mécanisme inconnu (Nagai et al., 1994).

En cas de choc thermique, DnaK serait sollicité par l'augmentation de la concentration en protéines dénaturées, libérant ainsi σ^{32} qui pourra se lier à l'ARN polymérase et la diriger vers les promoteurs de choc thermique (Bukau, 1993). Le retour à des conditions cellulaires normales (par exemple une baisse de la température suite à un choc thermique) entraînerait l'extinction de la réponse au choc thermique, suite à la baisse de la concentration en protéines dénaturées et à la répression de σ^{32} par DnaK (Bukau, 1993).

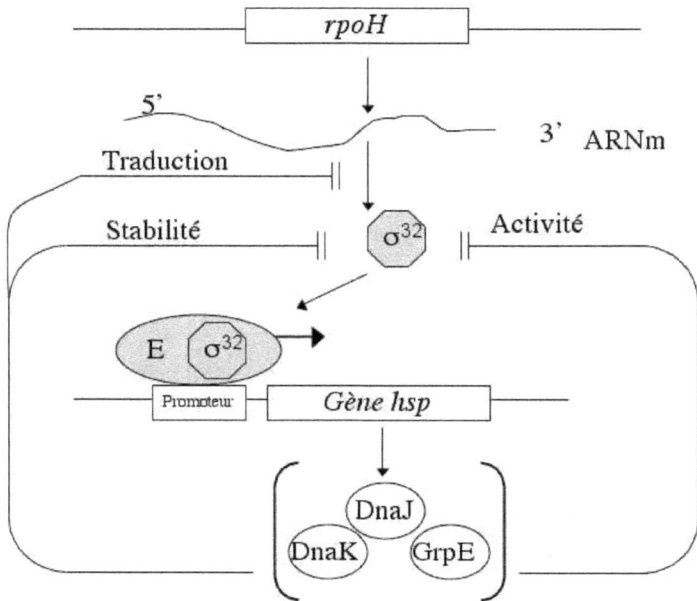

Figure 11: schéma représentant le mécanisme par lequel Dnak, DnaJ et GrpE régule l'expression des HSP en contrôlant le taux de σ^{32} et son activité. A hautes températures l'augmentation de la concentration en protéines dénaturées entraîne une diminution du taux de DnaK/DnaJ/GrpE libre ce qui déclenche une augmentation de la stabilité de σ^{32}. A température standard, la diminution du taux de protéines dénaturées provoque l'augmentation de protéines chaperons disponibles entraînant l'inactivation de σ^{32}. De plus Dnak, DnaJ et GrpE joueraient un rôle de répresseur traductionnel de σ^{32} (Gross, 1996).

III.3/Les fonctions cellulaires de DnaK

La protéine DnaK, comme d'autres chaperons moléculaires est impliquée dans un grand nombre de fonctions cellulaires. Des études génétiques et biochimiques ont permis d'attribuer un grand nombre de rôles à DnaK (voir Tableau 3).

Aide au repliement des polypeptides	*Bukau et al., 1996 ; Craig et al., 1993 ; Hartl 1996 ; Teter et al., 1999*
Contrôle de la protéolyse	*Hayes et Dice 1996 ; Keller et Simon, 1988*
Anti-agrégation des protéines	*Zolkiewski, 1999*
Translocation membranaire	*Wild et al., 1996*
Formation des flagelles	*Shi et al., 1992*
Réplication de l'ADN chromosomique mitochondriale et du phage λ	*Sakakibara, 1988 ; Schilke et al., 1996 ; Zylicz et al, 1999*
Topologie de l'ADN (super hélicité)	*Ogata et al., 1996*
Synthèse de l'acide colanique et du polysaccharide capsulaire (réponse mucoïde)	*Zuber et al., 1995*
Contrôle de la structure quaternaire des protéines	*Wickner et al., 1991 ; Matsunaga et al., 1997*
Disposition tubulaire de la *sn*-glycerol-3-phosphate acyltransférase	*Wilkison et Bell, 1988*
Biogenèse des ribosomes	*Alix et Guérin, 1993 ; Sbai et Alix, 1998*
Thermotolérance	*Delaney, 1990 ; Rockabrand et al, 1995, 1998*
Adaptation osmotique	*Meury et Kohiyama, 1991*
Phosphorylation d'aminoacyl-t-ARN-synthétases	*Wada et al., 1986 ; Itikawa et al, 1989*
Autophosphorylation	*Cegielska et Georgopoulos, 1989 ; Panagiotidis et al., 1994*
Survie en carence nutritionnelle	*Spence et al., 1990*
Stabilité / Dégradation des ARNm	*Miczak et al., 1996 ; Henics et al., 1999*
Protection du facteur de transcription σ^{32}	*Muffler et al., 1997*
Rétro-contrôle de l'expression des HSP	*Tomoyasu et al., 1998*

Tableau 3 : Aperçu des fonctions de DnaK chez E.coli

Parmi tous les rôles cités dans le Tableau 3, seuls quelques uns, utiles à la compréhension de ce travail, seront développés les pages qui suivent.

III.3.1. Rôles de DnaK dans le repliement des protéines

De nombreuses études menées *in vivo* (sur des mutants de *dnaK*) ou *in vitro* (expériences de renaturation de substrats, préalablement dénaturés par la chaleur ou un agent chaotrope) ont pu montrer l'implication de DnaK dans le repliement des protéines.

Mécanisme d'action :

L'activité chaperon de DnaK serait liée à des cycles d'association/dissociation avec des polypeptides non repliés, couplés à des cycles de fixation et de libération de l'ATP (Buchberger et al., 1996). Comme nous l'avons vu précédemment dans le chapitre traitant des HSP70, ces cycles sont basés sur des changements de conformation de DnaK qui nécessitent l'énergie de l'ATP et qui sont contrôlés par les co-chaperons DnaJ et GrpE. (voir Figure 12)

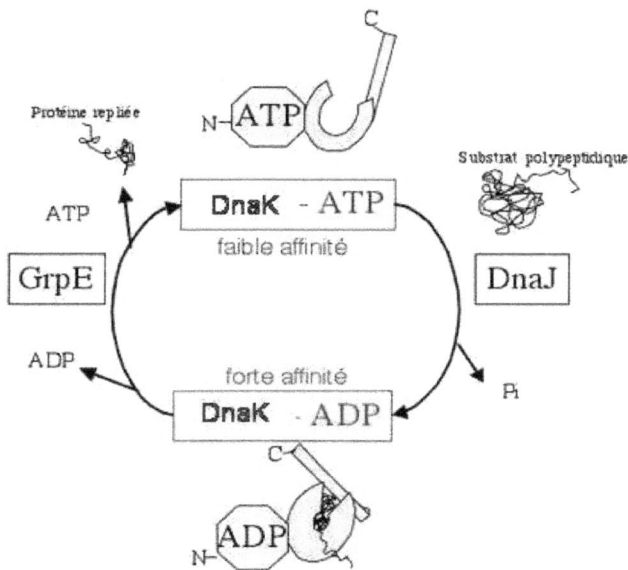

Figure 12: *Cycle fonctionnel de DnaK dans le cytoplasme d'E.coli (Buckau et Horwich, 1998): DnaJ fixe rapidement les protéines dénaturées puis s'associe à DnaK (ATP) pour former un complexe DnaJ-DnaK(ATP)-Protéine, induisant ainsi l'hydrolyse du nucléotide par DnaK et le transfert de la protéine dénaturée de son site de fixation sur DnaJ au site de fixation des peptides situé dans le domaine C-terminal de DnaK. La fixation du polypeptide dénaturé et l'hydrolyse du nucléotide par DnaK entraîne ensuite le départ de DnaJ puis l'isomérisation du domaine C-terminal de DnaK vers la forme de haute affinité pour les peptides. Le complexe DnaK(ADP)-Protéine, ainsi formé est alors capable de fixer GrpE; ce qui entraîne un échange ADP/ATP, formant ainsi un complexe DnaK(ATP)-GrpE qui se dissocie et libère la protéine repliée et GrpE.*

Aide co-traductionnelle au repliement

Les études fonctionnelles *in vivo*, des HSP70, et particulièrement de DnaK, suggèrent que ces chaperons interviennent directement dans le repliement de certaines protéines et ce dès les étapes précoce du repliement, avant l'intervention des chaperonines (GroEL/ES). En effet, les protéines du type DnaK et DnaJ sont retrouvées associées aux chaînes polypeptidiques en cours de synthèse au niveau des ribosomes contrairement aux protéines de type GroEL/ES (Kudlicki et al., 1995; Frydman et Hartl, 1996 ; Hendrick et al., 1993 ; Valent et al., 1995).

De plus, les HSP70 fixent les polypeptides sous une forme étendue contrairement au protéines de type GroEL qui reconnaissent ces derniers sous une forme possédant des structures secondaires (Landry et al., 1992). Enfin il a été monté que DnaK interagit avec GroEL et que le transfert de substrats polypeptidiques entre les deux chaperons nécessite la présence de GrpE (Gragerov et al., 1992 ; Langer et al., 1992). Il est important de comprendre que les chaperons n'agissent pas de manière indépendante mais qu'ils sont organisés en une sorte de «**réseau de chaperons**» au travers duquel les protéines (particulièrement les protéines nouvellement synthétisées)seront dirigées (voir Figure 13) . Les chaînes polypeptidiques naissantes vont être prises en charge dès qu'elles émergent du ribosome par un «comité de bienvenue» composé de trois chaperons (Bukau et al., 2000).Le trigger Factor est le premier chaperon à intervenir. Il interagit avec de petits polypeptides en cours de synthèse via son interaction avec la protéine ribosomale L23 au niveau du site de sortie du ribosome (Blaha et al., 2003). DnaK est le second chaperon à intervenir. Son recrutement au niveau du ribosome nécessite la présence du Trigger Factor. Contrairement à ce dernier, DnaK va pouvoir se fixer sur des chaînes polypeptidiques plus longues et va permettre à de plus grands polypeptides de se replier (Kramer et al., 2002; Lee et al., 2002). Le dernier intervenant est GroEL qui rentre en jeu une fois la traduction terminée, prenant le relais de DnaK afin d'aider au repliement de certains polypeptides (Houry et al., 1999).

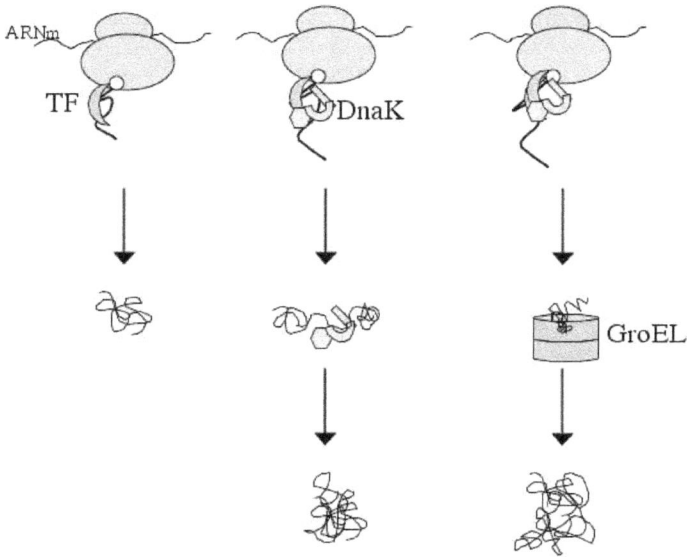

Figure 13: *Trois chaperons bactériens participent au repliement des protéines nouvellement synthétisées. Le Trigger Factor interagit avec les chaînes naissantes émergentes via son interaction avec la protéine ribosomale L23 à la sortie du ribosome. Certains polypeptides interagissent ensuite avec DnaK et GroEL qui assistent le repliement de certaines catégories de protéines cellulaires (Albanèse et al., 2002).*

<u>III.3.2/Rôles de DnaK dans l'anti-agrégation et la désagrégation.</u>

Protection de la thermo-dénaturation des protéines durant le stress thermique.

Le dépliement et l'agrégation des protéines sont deux conséquences fréquentes du stress chez les cellules placées en condition de choc thermique. Comme nous l'avons vu précédemment, les cellules placées dans ces conditions vont surexprimer de nombreuses HSP comprenant des chaperons moléculaires et des protéases ATP dépendantes. Une des stratégies majeures des chaperons pour prévenir l'agrégation des protéines est de se fixer aux séquences hydrophobes exposées lors de la dénaturation. De nombreuses expériences ont pu montrer que le système DnaK (DnaK et ses deux co-chaperons DnaJ et GrpE) pouvait efficacement prévenir l'agrégation d'un grand nombre de protéines dénaturées par la chaleur, à la fois *in vitro* (extrait cellulaire d'*E.coli*) et *in vivo* (pour revue Schlieker et al., 2002).

Certaines expériences in vitro ont permis de monter que si un excès de la protéine DnaK est suffisant dans certains cas, pour protéger une protéine de la dénaturation, l'addition du co-facteur DnaJ, d'ATP et d'ions magnésium permet une protection beaucoup plus efficace voir dans certains cas indispensable (Skowyra et al., 1990;Langer et al., 1992; Schröder et al., 1993). De plus, un mutant *ΔdnaK*, va présenter une augmentation de l'agrégation d'environ 10% des protéines solubles, après un choc thermique à 42°C. Cette augmentation de l'agrégation des protéines chez les mutant *ΔdnaK* à hautes températures ne peut être que partiellement réduite par la surexpression d'autres chaperons de type GroEL/GroES, ClpB, HtpG (Mogk et al., 1999). Il faut aussi se rappeler que DnaK est une protéine très abondante chez *E.coli*, environ huit fois plus abondante comme espèce active que n'importe quel chaperon du cytosol. De ce fait, cette forte concentration cellulaire combinée avec sa forte aptitude à fixer les segments hydrophobes exposés place DnaK comme la protéine majeure vis à vis la protection contre l'agrégation.

Rôle dans la désagrégation

Dans des conditions de stress plus sévères, malgré l'action anti-agrégation de DnaK, une agrégation protéique transitoire apparaît; due probablement à la capacité limité de protection des chaperons. Cette agrégation est cependant transitoire, indiquant par là, l'existence d'une activité cellulaire de désagrégation (Laskowska et al., 1996 ; Mogk et al., 1999). De nombreuses évidences indiquent que la solubilisation des agrégats protéiques est du à l'action combinée de deux chaperons ClpB et DnaK. Tout d'abord, les souches $\Delta dnaK$ et $\Delta clpB$ ne peuvent solubiliser les agrégats de protéines qui apparaissent après une exposition rapide à 45°C; alors que des souches mutantes vis à vis d'autres gènes chaperons ne présente pas ce phénotype (Mogk et al., 1999). De plus il a été montré que le système DnaK (DnaK/DnaJ/GrpE) en combinaison avec ClpB pouvait solubiliser les agrégats protéiques d'extraits cellulaire d'*E.coli* dénaturés par la chaleur; ainsi que certains substrats protéiques de type Luciferase, Glucose-6-phosphate-déshydrogénase (Zolkiewsj et al., 1999 : Goloubinoff et al., 1999 : Mogk et al., 1999).

Par ailleurs, comme nous l'avons vu précédemment, chez *E.coli* , la transcription des gènes *hsp* sont sous le contrôle du facteur de transcription σ^{32} codé par le gène *rpoH*. A 42°C, les mutants $\Delta rpoH$ (qui présentent une expression extrêmement faible des protéases et des chaperons moléculaires; à l'exception de GroEL/GroES et du Trigger Factor) présente une forte agrégation protéique d'environ 20 à 30% des protéines totales. La surproduction de DnaK, de ses co-chaperons DnaJ/GrpE , et de ClpB est nécessaire et suffisante pour permettre la solubilisation d'une grande partie des agrégats formés à hautes températures chez les mutants $\Delta rpoH$ (Tomoyasu et al., 2001). On peut également noter que l'activité de désagrégation du duo ClpB-DnaK est directement liée au développement de la thermotolérance: en effet, l'expression de DnaK, DnaJ, GrpE et ClpB est nécessaire et suffisante à restaurer la thermotolérance dans une souche mutante $\Delta rpoH$ (Tomoyasu et al., 2001).

Les mécanismes de la coopération DnaK/ClpB vis-à-vis de la fonction de désagrégation sont encore mal connus. Plusieurs auteurs ont tout d'abord pensé que ClpB interagissait en premier lieu avec les gros agrégats protéiques, pour en modifier la structure et permettre une meilleur accessibilité pour DnaK. Cette hypothèse était supportée par le fait que DnaK possède, en absence de ClpB, une activité de désagrégation pour les petits agrégats de protéines (Diamant et al., 2000). Cependant, il a été montré récemment que l'étape limitante et initiale des premières étapes de la désagrégation serait la fixation de DnaK et de ses co-chaperons, ainsi que celle de ClpB au substrat agrégé (Zietkiewicz et al., 2004).

Une seconde hypothèse existe, stipulant que la resolubilisation des agrégats pourrait être faite par un complexe ClpB/DnaK (Krzewska et al., 2001).

III.3.3/Rôles de DnaK dans la réplication du bactériophage λ

La réplication du phage λ

Les études menées sur la réplication du phage λ ont permis de découvrir et de mieux comprendre le fonctionnement de DnaK. En effet, les premières évidences d'une action coopérative chez *E.coli*, entre DnaK, DnaJ et GrpE ont pu être trouvées grâce aux études génétiques et biochimiques menées sur la réplication de l'ADN du phage lambda (Cegielska et al., 1989; pour revue Georgopoulos et al., 1994). Les expériences de réplication *in vitro* du phage lambda ont constituées également le premier test fonctionnel pour s'assurer, lors de leur production, de l'activité biologique des protéines DnaK, DnaJ et GrpE (Zylicz et al.,1983; Zylicz et Geogopoulos,1984). Il faut noter que les chaperons moléculaires DnaK, DnaJ et GrpE ont, à l'origine, été découvert par le fait qu'une mutation dans l'un ou l'autre de ses trois gènes, bloquait la réplication du phage λ (Georgeopoulos, 1971; Saito et Uchida, 1977).

La réplication de l'ADN du phage lambda nécessite de nombreuses interactions entres les protéines de réplication codées par l'ADN du phage et la machinerie de transcription de l'hôte bactérien. Le cycle de réplication, qui peut générer environ 100 copies de l'ADN phagique, peut être divisé en deux phases: la phase précoce et la phase tardive (pour revue, Taylor et Wegrzyn, 1995).

Durant la phase précoce, le double brin d'ADN linéaire du bactériophage est injecté dans la bactérie, où il est rapidement circularisé et surenroulé. La réplication de l'ADN λsera ensuite initiée au niveau d'un site unique: *oriλ*.

Pendant la phase tardive, la réplication de l'ADN du phage lambda se poursuit par un mécanisme dit de «cercles roulant» (rolling circle), générant de multiples copies de l'ADN λ de longueurs variables, qui seront par la suite encapsidées. Pour sa réplication, le bactériophage doit recruter une partie de la machinerie de transcription de l'hôte: en effet, seules deux protéines phagiques, codées par les gènes λO et λP, semblent intervenir dans l'initiation et/ou l'élongation de la fourche de réplication.

Rôle de DnaK dans la protection contre l'agrégation de λO

Pendant la phase précoce, la formation d'un complexe ADN-λO va constituer la première étape de la réplication du génome λ. Quatre dimères de la protéine d'initiation λO vont se fixer au niveau de la séquence oriλ , formant une grande structure de type nucléosomique appelée l' O-some (Tsurimoto et Matsubara, 1981 ; Dodson et al.,1985 ; Liberek et al.,1988). La formation de l'O-some entraîne un changement de conformation sur l'ADN λ au niveau de la séquence oriλ (Schnos et al., 1988), qui va aider l'hélicase DnaB à se fixer sur l'ADN λ au niveau de l'oriλ. La protéine λO, comme beaucoup de protéines se fixant à l'ADN, a une tendance forte à s'agréger (Wawrzynow et al., 1995), la forme agrégée de la protéine λO étant non active vis à vis de la réplication. Il a été montré, *in vitro*, que les chaperons moléculaires bactériens (ClpX, ClpA et DnaK, DnaJ, GrpE) pouvaient protéger λO de l'agrégation et également dissocier les agrégats de λO déjà formés (Wawrzynow et al., 1995).

Rôle de DnaK dans l'activation du complexe préprimosomal

L'ensemble de ce mécanisme est illustré Figure 14.

Après l'infection par le phage λ, lorsque le niveau intracellulaire de la protéine d'initiation de la réplication λP deviens suffisant, λP fixe l'hélicase DnaB au détriment du facteur d'initiation DnaC (Mallory et al., 1990). Le complexe λP-DnaB va interagir avec la structure O-some pour former le complexe préprimosomal (oriλ-λO-λP-DnaB (Dodson et al.,1985 ; Zylicz et al.,1989). Cependant, la forte interaction entre λP et DnaB, nécessaire à la fixation de DnaB sur l'oriλ, va également inhiber les fonctions ATPase et hélicase de DnaB (Wickner, 1978 ; Mallory et al., 1990). Une activation du complexe préprimosomal est donc nécessaire afin de libérer DnaB de l'action inhibitrice de λP. C'est l'action concertée de DnaK et de ses deux co-chaperons DnaJ et GrpE qui va être responsable de la libération de DnaB (Liberek et al , 1988; Dodson et al., 1989; Zylicz, 1993).

Tout d'abord DnaJ va se fixer au complexe préprimosomal et le stabiliser en interagissant avec λP et DnaB (Wawrzynow et Zylicz, 1995). La fixation de DnaJ sur λP, va permettre de recruter DnaK au niveau du complexe préprimosomal. La fixation de DnaK et DnaJ sur le préprimosome a été montrée par microscopie électronique (Dodson et al.,1989). Précédemment nous avons vu que DnaK comme les autres HSP70 possédait une faible activité ATPase (Zylicz et al., 1983) et avait besoin d'un co-chaperon de la famille des HSP40/DnaJ, pour stimuler son activité ATPase. Suivant le nucléotide, ATP ou ADP lié, DnaK possède différentes conformations et différentes affinités pour les protéines substrats (Palleros et al.,1992), la forme ADP-DnaK étant la forme de haute affinité pour les substrats. DnaJ va donc stimuler l'activité ATPase de DnaK et induire des changements conformationels qui vont permettre de stabiliser le complexe λP-DnaK-ADP. La présence de GrpE est nécessaire pour recycler DnaK du complexe Substrat-DnaK- ADP (Zylicz et al., 1989, Banecki et Zylicz, 1996). En effet, en présence d'ATP, GrpE accélère l'échange ADP/ATP, et va permettre la libération du substrat (la forme ATP-DnaK étant de faible affinité pour le substrat). L'hydrolyse de l'ATP permettra l'entrée dans un nouveau cycle. L'hydrolyse de l'ATP va donc induire un changement conformationel chez DnaK, mais également un changement de conformation chez λP, qui va entraîner la dissociation de λP du complexe préprimosomal (Liberek et al., 1988, Zylicz, 1993). A l'opposé, λO présent dans le complexe o-some ne se dissocie pas de la matrice d'ADN pendant l'activation du préprimosome par les chaperons DnaK/DnaJ/GrpE (Dodson et al.,1986; Wojtkowiak et al.,1993).

La libération de λP va donc permettre à DnaB de retrouver ses fonctions hélicase et ATPase et donc de démarrer le débobinage de l'ADN phagique marquant ainsi le départ de la réplication (Learn et al., 1993).

DnaK a donc un rôle primordial dans la réplication du bactériophage λ, et ce à deux niveaux. Tout d'abord, en luttant contre l'agrégation de la protéine phagique λO, favorisant ainsi la forme active pour la mise en place de la structure O-some. Puis en participant à l'activation du complexe préprimosomal, en libérant l'hélicase DnaB de l'action inhibitrice de la protéine λP.

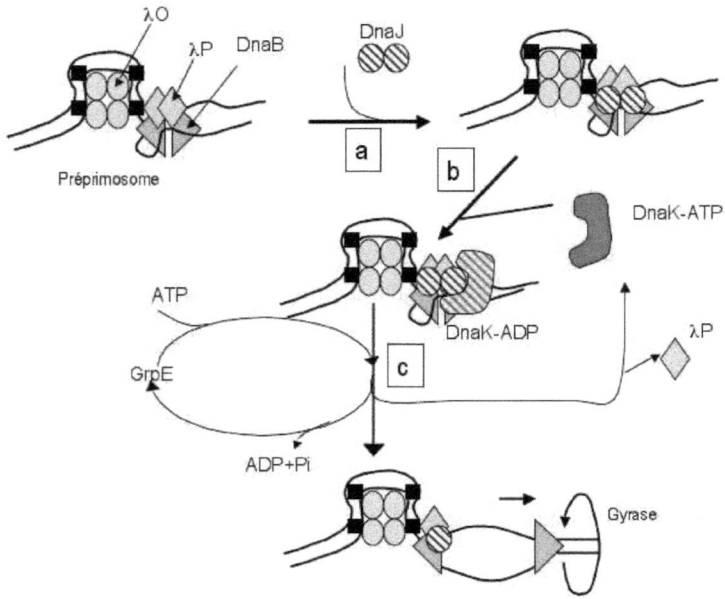

Figure 14: Activation du complexe préprimosomal λ par le système DnaK /
DnaJ / GrpE

a : DnaJ se fixe sur λP et DnaB .

b : DnaJ recrute DnaK-ATP au niveau du complexe préprimosomal, en absence
de DnaJ, DnaK-ATP ne peut pas former de complexe stable avec λP. La
présence de DnaJ permet l'hydrolyse de l'ATP, qui entraîne un changement de
conformation chez DnaK vers une forme de haute affinité (ADP-DnaK) pour les
protéines substrats. Un complexe stable ADP-DnaK-préprimosome se forme.

c : L'échange de l'ADP par ATP de DnaK grâce à l'intervention de GrpE,
permet la libération d'une partie des λP et de la forme ATP-DnaK. Les DnaB
qui ne sont plus associées à λP retrouvent leur activité hélicase et ouvrent le
double brin d'ADN λ. La réplication peut alors commencer.

CHAPITRE 1

Complémentation fonctionnelle de la thermosensibilité et de la résistance au bactériophage lambda de souches *E.coli* DnaK⁻ par des protéines chimères DnaK (E.coli) / Hsc70 (rat).

Chapitre 1

_____

Complémentation fonctionnelle de la thermosensibilité et de la résistance au bactériophage lambda de souche DnaK⁻ par des protéines chimères DnaK(E.coli) / Hsc70 (rat).

I/ Présentation du sujet

Nous avons vu dans l'introduction, que la famille ubiquitaire des HSP70, est impliquée dans de très nombreux processus cellulaires, notamment dans le repliement des protéines nouvellement synthétisées ou mal repliées. Leur fonction de chaperon moléculaire résulterait principalement du couplage, entre leur activité ATPase et leur capacité à fixer des segments protéiques hydrophobes, grâce à des cycles de fixation et de libération du substrat co-chaperons dépendants. Cependant, il faut admettre que les théories communément admises sur le mode d'action des HSP70 et de leurs co-chaperons ont été la plupart du temps élaborées sur les bases d'expériences menées *in vitro*. Afin de confronter les théories élaborées *in vitro* à la réalité cellulaire, nous avons choisi d'étudier *in vivo* les fonctions des HSP70 chez *E.coli*.

DnaK (*E.coli*) et Hsc70 (cytosol des cellules de rat), sont deux chaperons moléculaires appartenant à la famille des HSP70 qui partagent un haut degré de similarité de séquence (75% de similitude dont 50% d'identité stricte) et des structures tridimensionnelles quasi superposables (voir introduction). Les deux homologues sont tous deux constitués de trois domaines : un domaine N-terminal ATPase, un domaine de fixation des peptides «PBD» et un domaine C-terminal en hélices α. Cependant, ces deux HSP70 diffèrent en de nombreux points. Au niveau de leur expression tout d'abord, DnaK est induite par le stress alors que Hsc70 est une protéine dont l'expression est constitutive. Les deux homologues diffèrent également au niveau de leurs fonctions cellulaires : DnaK joue un rôle essentiel dans la survie de la bactérie dans des conditions de stress contrairement à Hsc70. En effet, DnaK est impliquée dans de nombreuses fonctions cellulaires telles que dans la régulation négative de la réponse au choc thermique, dans la réplication de l'ADN (de la bactérie mais aussi du bactériophage λ), dans la protection contre l'agrégation et dans la désagrégation. Hsc70, quand à elle, peut interagir avec de nombreuses protéines correctement repliées et participe à de nombreuses fonctions spécialisées comme par exemple la libération de la clathrine à partir des vésicules en présence d'ATP (Chappell et al., 1986), ou encore, la translocation polypeptidique (Chirico et al., 1988, Deshaies et al., 1988).

L'activité ATPase de DnaK, et de Hsc70, bien que faible dans les deux cas est toutefois différente (voir <u>Tableau 3</u> dans l'introduction). Leur spécificité de substrat est également différente: le motif peptidique consensus reconnu par DnaK consiste en un noyau hydrophobe de 4 à 5 résidus riche en acides aminés aliphatiques, flanqués de résidus basiques (Gragerov et al., 1994); alors que celui de Hsc70, se compose d'un noyau hydrophobe de 4 à 5 résidus riches en acides aminés aliphatiques mais également en tryptophanes (Fourie et al., 1994).

DnaK et Hsc70 diffèrent également vis à vis, de la nature de leur co-chaperons: comme nous l'avons vu précédemment DnaK utilise DnaJ pour stimuler son activité ATPase et GrpE comme facteur d'échange ADP/ATP. Hsc70 interagit également avec un co-chaperon de la famille de DnaJ (Hsp40) mais ne peut pas fixer GrpE. Hsc70 interagit en outre avec des co-chaperons existant uniquement dans les cellules eucaryotes (Hip et Bag-1) (Hohfeld et al., 1997; Sondermann et al., 2001). Le fait que Hsc70 ne puisse interagir avec GrpE, du fait de l'absence d'une boucle (située dans le domaine N-terminal de DnaK) stabilisant la liaison DnaK-GrpE est considéré comme l'un des facteur important de la spécificité d'espèce de DnaK par rapport à ses homologues eucaryotes (Brehmer et al., 2001).

Afin de déterminer, *in vivo*, les bases structurales d'une telle spécificité d'espèce entre DnaK et Hs70, et de mieux comprendre les relations qui lient les HSP70 à leurs co-chaperons, des études de complémentations fonctionnelles de différents phénotypes mutants apparaissant chez les souches défectives en DnaK ont été réalisées. Pour cela nous avons utilisé une souche d'*E.coli* mutante au niveau du gène *dnaK* (souche *dnaK103*). Cette souche mutante particulière appelée CG800 ou BB2393 (C600 *dnaK103* thr:Tn*10*) est thermosensible à partir de 43°C et ne permet pas au phage λ de se propager (même à 30°C), contrairement à une souche sauvage qui est thermorésistante et sensible à l'infection par le phage λ. La souche *E.coli dnaK103* ne possède pas de DnaK active, et produit un petit fragment de N-terminal de DnaK non actif (Spence et al., 1990; Mayer et al., 2000), qui doit être rapidement dégradé car nous ne l'avons pas détecté par immuno-blot (voir plus loin). Par rapport à d'autres souches d'*E.coli* Δ*dnaK*, la souche *dnaK103* présente de nombreux avantages: tout d'abord, cette souche possède une expression normale de *dnaJ* , contrairement à d'autre souches couramment utilisées comme les souches *E.coli* Δ*dnaK52* où l'expression de *dnaJ* est réduite de plus de 95% (Mogk et al., 1999). En effet, l'insertion chez Δ*dnaK52* d'une cassette Cm^R dans le gène *dnaK* entraîne un effet polaire sur l'expression du gène adjacent *dnaJ*, ce qui n'est pas le cas chez la souche *dnaK103* qui présente une mutation ambre (codon stop) dans sa séquence. De plus les souches Δ*dnaK* possèdent, comme la souche communément utilisée BB1553, une mutation favorable *sidB1* au niveau du gène *rpoH* (codant pour le facteur de transcription σ^{32}) qui a pour effet de surexprimer l'ensemble des HSP sous contrôle du facteur de transcription σ^{32}. Nous donc avons utilisé DnaK, Hsc70 et des chimères constituées de toutes les combinaisons possibles entre leurs trois domaines respectifs, dans des expériences de complémentations fonctionnelles des phénotypes de non croissance à 43°C et de non propagation du phage λ à 30°C de la souche *E.coli dnaK103*.

II/ Article 1:

Complementation of an Escherichia coli DnaK Defect
by Hsc70-DnaK Chimeric Protein

Journal of Bacteriology Septembre 2004

JOURNAL OF BACTERIOLOGY, Sept. 2004, p. 6248–6253
0021-9193/04/$08.00+0 DOI: 10.1128/JB.186.18.6248–6253.2004

Complementation of an *Escherichia coli* DnaK Defect by Hsc70-DnaK Chimeric Proteins

Jean-Philippe Suppini,[1] Mouna Amor,[1] Jean-Hervé Alix,[2] and Moncef M. Ladjimi[1]*

*FRE 2621, CNRS, Université Pierre et Marie Curie,[1] and UPR 9073, CNRS-Université Paris 7,
Institut de Biologie Physico-chimique,[2] Paris, France*

Received 23 March 2004/Accepted 9 June 2004

Escherichia coli DnaK and rat Hsc70 are members of the highly conserved 70-kDa heat shock protein (Hsp70) family that show strong sequence and structure similarities and comparable functional properties in terms of interactions with peptides and unfolded proteins and cooperation with cochaperones. We show here that, while the DnaK protein is, as expected, able to complement an *E. coli dnaK* mutant strain for growth at high temperatures and λ phage propagation, Hsc70 protein is not. However, an Hsc70 in which the peptide-binding domain has been replaced by that of DnaK is able to complement this strain for both phenotypes, suggesting that the peptide-binding domain of DnaK is essential to fulfill the specific functions of this protein necessary for growth at high temperatures and for λ phage replication. The implications of these findings on the functional specificities of the Hsp70s and the role of protein-protein interactions in the DnaK chaperone system are discussed.

The heat shock proteins of 70 kDa (Hsp70s) are among the most conserved proteins in nature and are found in most prokaryotic cells and in most compartments of all eukaryotic cells (1, 22). They are known to protect cells against damage by high temperatures and to assist protein folding and assembly by ATP-dependent cycles of substrate binding and release. They cooperate in these functions with various cofactors, such as the ubiquitous members of the DnaJ chaperone and GrpE families (6, 11, 14).

Escherichia coli DnaK and rat Hsc70 are two prominent members of this family that have been extensively studied. While bacterial DnaK is a bona fide heat shock protein, for it is strongly inducible by heat shock (3) and is able to efficiently protect cells at high temperatures, eukaryotic Hsc70 is not and is in fact a constitutive protein expressed at normal temperatures (10, 16) that plays little or no role in heat stress protection. DnaK is involved in negative regulation of the heat shock response, in host and bacteriophage replication, in the prevention of protein denaturation and aggregation during stress, and in the refolding of heat-denatured proteins (18), while Hsc70 interacts with a wide range of specific and well-folded cellular proteins and possesses specialized functions, such as clathrin uncoating from coated vesicles (8). Moreover, these proteins differ in their abilities to interact with a defined set of cochaperones. For instance, while DnaK and Hsc70 chaperones are both slow ATPases that have similar hydrophobic peptide-binding specificities, they cooperate with different cochaperones to accomplish their functional cycles of substrate binding and release through nucleotide hydrolysis and exchange. *E. coli* DnaK uses the ATPase-activating factor DnaJ and the nucleotide exchange factor GrpE (13, 26, 31), whereas Hsc70 does not bind to GrpE, although it still interacts with Hsp40, a DnaJ homolog, and uses Hip and Bag-1, a set of cochaperones with

no counterpart in *E. coli* (15, 29, 32). In fact, it was proposed that the interaction of GrpE with DnaK, but not Hsc70, is at the basis of the diversification and functional specificity of Hsp70 chaperone systems (4).

Nevertheless, these two relatives have very similar three-dimensional structures, as indicated by the X-ray and nuclear magnetic resonance structures available (12, 13, 21, 23, 34), and are both made of three domains: an N-terminal ATPase domain, a peptide-binding domain composed essentially of a β sandwich with a shallow peptide-binding pocket followed by an α-helical segment supposed to form a lid controlling the accessibility to the peptide-binding pocket, and a C-terminal α-helical domain (7, 9, 12, 23) (Fig. 1).

Thus, in spite of a high sequence and structure similarity, these proteins appear to have different functional properties. To gain insight into the structural origin of these differences, a series of chimeric proteins, made by swapping respective domains having similar structures but different functions, have been generated and analyzed in vivo for the complementation of two *E. coli* phenotypes, growth at high temperatures and propagation of λ phage. The results of this in vivo study are discussed with respect to the available in vitro structural and functional information for these two proteins.

MATERIALS AND METHODS

Plasmids, strains, and media. The various chimeric proteins used in this work have been constructed with the pDnaK and pUHE21-2FdΔ12 plasmids, a kind gift from Bernd Bukau (University of Heidelberg, Heidelberg, Germany). All strains and plasmids are listed in Table 1.

Ultracompetent cells from *E. coli* strain XL2-Blue were used for the various constructions and were from Stratagene. The *E. coli* strain used for complementation studies, BB2393 [C600 *dnaK103*(Am) *thr*::Ta10], is from Bernd Bukau.

Luria-Bertani (LB) medium was used for bacterial growth. Tryptone, yeast extract, and agar were obtained from Difco Laboratories, while ampicillin and kanamycin were from Sigma.

Construction of Hsc70/DnaK chimeric proteins. To obtain a plasmid coding for rat Hsc70, the *hsc70* coding sequence of pFB7 (2) was inserted between the BamHI and HindIII restriction sites of pUHE21-2fdΔ12. This was performed after modifying the internal HindIII site of the *hsc70* coding sequence, with the

* Corresponding author. Mailing address: University P. & M. Curie, CNRS, 96 Bd. Raspail, 75006 Paris, France. Phone: 33 1 53 63 40 90. Fax: 33 1 42 22 13 98. E-mail: ladjimi@ccr.jussieu.fr.

6248

60

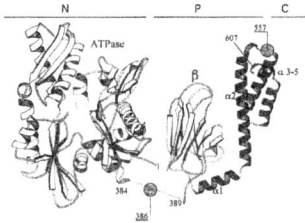

FIG. 1. Three-dimensional structure of DnaK/Hsc70 showing the three domains: the N-terminal ATPase domain, N (1 to 384), the substrate-binding domain, P (389 to 557), which contains the β sandwich (β) and helices α1 and α2, and the C-terminal helical domain, C (557 to 607), which is composed of α3, α4, and α5 helices. Residues 386 and 557 (circles) constitute the junction points for the construction of the chimeras. The primary structures of DnaK and Hsc70 in the N (ATPase) and P domains (particularly in the β sandwich) are very similar, but they differ slightly in helices α1, α2, and α3 to α5 of the C domain (see text for explanations).

QuikChange kit (Stratagene), and introducing the 5′ and 3′ restriction sites by PCR. The resulting plasmid was used to transform XL2-Blue ultracompetent cells. Single colonies were picked for overnight culture at 30°C, and the plasmids were purified by the MidiPreps kit (Bio 101).

For the construction of chimeras, restriction sites were introduced in the coding sequence of dnaK and hsc70 by site-directed mutagenesis using the QuikChange kit. Since the restriction sites had to be unique sites and identical in both plasmids in order to perform the domain swap, the possibilities that resulted in minimal changes in the amino acid sequence have been retained. Thus, and based on structural alignment of the two proteins (34), AflIII sites were introduced into the coding sequences for the interdomain region separating the ATPase domain (N) and the peptide-binding domain (P) (positions 386 to 387 in DnaK and 389 to 390 in Hsc70), and SpeI sites were introduced into the coding sequences for the loop separating the peptide-binding domain (P) and the C-terminal domain (C), between helix α2 and helix α3 (positions 557 to 558 in DnaK and 563 to 564 in Hsc70) (Fig. 1). The creation of AflIII and SpeI sites in DnaK coding sequence led to the replacement of valine 386 by a leucine and the insertion of a valine in position 558, whereas, in Hsc70, valine 389 was replaced by a leucine, glutamine 390 was replaced by a lysine, isoleucine 563 was replaced by a leucine, and asparagine 564 was replaced by a valine. Complementation

properties with these plasmids were indistinguishable from those with the parental, unmodified plasmids.

After gel electrophoresis in 2% agarose, products of digestion were purified with the Geneclean kit provided by Bio 101, and the desired restriction fragments were mixed in order to obtain a given chimera. The DNA sequence corresponding to all chimeric proteins was verified by automatic sequencing (MWG-Biotec, Ebersberg, Germany).

High-temperature growth studies. To ensure a strong repression of the lac promoter under the control of which DnaK, Hsc70, and their chimeras are expressed, strain BB2393 was transformed with the pDMI.1 plasmid encoding the LacI repressor. The resulting strain was then transformed by the various constructions. Transformant cells were plated on LB media containing ampicillin (100 μg/ml) and kanamycin (25 μg/ml).

For each construction, a single colony was picked and inoculated into 2 ml of LB medium containing ampicillin and kanamycin for an overnight culture at 30°C. Aliquots of 10 μl of this sample and successive 10-fold dilutions of it were spotted on an LB agar plate containing ampicillin and kanamycin with or without IPTG (isopropyl-β-D-thiogalactopyranoside; 100 μM). For each construction, test plates were incubated at 30 and 43°C for 24 h. After the test, to control the results, each plasmid was purified and used to transform again competent BB2393 cells carrying the pDMI.1 plasmid. Each test was performed three times.

λ phage growth studies. Tests measuring the levels of λ phage resistance or sensitivity of the different E. coli strains were performed after growth overnight at 30°C in kanamycin- and ampicillin-containing LB medium supplemented with 10 mM MgSO₄ and 0.2% maltose, with or without IPTG (100 μM). The cells were then spread with 0.8% top agar on agar plates containing the same components. Serial dilutions of a λvir phage stock (5 × 10⁹ PFU/ml) were spotted on the top agar, and plates were incubated overnight at 30°C, resulting in lysis or no lysis of each bacterial strain.

SDS-PAGE, immunoblots, and quantification. Exponentially growing 30°C cultures of MC4100, BB1553, BB2393, and BB2393 carrying the different constructions and the pDMI.1 plasmid were induced by using 100 μM IPTG for 5 h to allow expression of wild-type or chimeric proteins. Two milliliters of each culture was subjected to sonication and then centrifugation. To partially purify the wild-type and chimeric Hsp70s from the extracts, 300 μl of the soluble protein fraction was incubated for 5 min with 100 μl of ATP agarose beads in buffer A (20 mM Tris-HCl [pH 7.5], 3 mM MgCl₂, 1 mM β-mercaptoethanol, 1 mM EDTA) containing 20 mM KCl. After three washes with buffer B (buffer A containing 250 mM KCl), Hsp70s were released from the beads with 100 μl of buffer E (buffer A containing 20 mM KCl and 3 mM ATP). A degree of purification of about 80% could be achieved by this procedure. Cell extracts as well as partially purified proteins were subjected to sodium dodecyl sulfate–12% polyacrylamide gel electrophoresis (SDS–12% PAGE), stained with Coomassie blue or transferred to nitrocellulose paper (Hybond-C; Amersham), and then immunoblotted with anti-DnaK polyclonal rabbit antibodies (provided by Bernd Bukau). Detection was performed with the ECL detection system (Amersham) as described by the manufacturer.

To determine the cellular levels of relevant proteins, 2 ml of each exponentially growing culture at 30°C, induced with 100 μM IPTG for 5 h, was subjected to sonication and then centrifugation. The pellets were resuspended in 1 ml of buffer A, and protein concentration was determined by Lowry assay. Loading of

TABLE 1. Strains and plasmids used in this study

Strain or plasmid	Genotype and/or description	Source or reference(s)
MC4100	F⁻ araD139 Δ(argF-lac)U169 rpsL150 relA1 deoC1 ptsF25 rbsR fbB301	20
BB1553	MC4100 ΔdnaK52::cm sidB1	20
BB2393	C600 dnaK103(Am) thr::Tn10	19, 30
pUHE21-2fdΔ12	pBR322 derivative containing a multiple cloning site downstream of the lac promoter	5
pDMI-1	pUC18 derivative encoding the LacI repressor under the control of the lac promoter	20
pDnaK	pUHE21-2fdΔ12 derivative encoding DnaK (NPC) under the control of the lac promoter	20
pHsc70	pUHE21-2fdΔ12 derivative encoding Hsc70 (N′P′C′) under the control of the lac promoter	This study
pJP1	pUHE21-2fdΔ12 derivative encoding the chimera N′PC	This study
pJP2	pUHE21-2fdΔ12 derivative encoding the chimera NP′C	This study
pJP3	pUHE21-2fdΔ12 derivative encoding the chimera NPC′	This study
pJP4	pUHE21-2fdΔ12 derivative encoding the chimera N′PC′	This study
pJP5	pUHE21-2fdΔ12 derivative encoding the chimera NPC′	This study
pJP6	pUHE21-2fdΔ12 derivative encoding the chimera N′P′C	This study

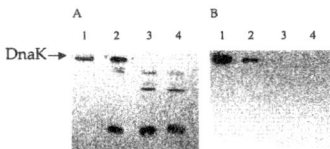

FIG. 2. Immunoblots of BB2393 [*dnaK103*(Am)] and BB1553 (Δ*dnaK52*) cell extracts before (A) and after (B) purification of DnaK (see Materials and Methods). Lane 1, purified DnaK; lane 2, MC4100 wild-type strain; lane 3, BB2393[*dnaK103*(Am)]; lane 4, BB1553 (Δ*dnaK52*) (lane 4).

the SDS–12% PAGE gel for each sample was adjusted based on the protein concentration data. To obtain a linear range of detection for immunoblot quantification, increasing amounts of purified DnaK ranging from 0 to 20 ng were treated in the same manner. The contents of the gels were then transferred to nitrocellulose membranes (Hybond-C; Amersham) and immunoblotted with rabbit anti-DnaK polyclonal antibodies (DAKO), followed by incubation with ^{125}I-protein A. Detection was performed with a PhosphorImager, and quantification was obtained with ImageQuant software.

RESULTS

Rat Hsc70 is unable to complement an *E. coli* DnaK-deficient strain for growth at high temperatures and λ phage propagation. The BB2393 strain used for the complementation studies reported here carries an amber mutation on the *dnaK* gene, *dnaK103*(Am) and is devoid of a functional DnaK protein (19) (Table 1). The absence of the DnaK protein was verified on immunoblots of cell extracts with polyclonal anti-DnaK antibodies. As shown in Fig. 2, whereas DnaK is present in cell extracts of the wild-type strain (Fig. 2A, lane 2), it is absent in those of the BB2393 strain, just as it is absent in those

of BB1553 (Δ*dnaK52*), a strain in which the *dnaK* gene has been deleted (Fig. 2A, lanes 3 and 4). The same results were observed after partial purification of DnaK from these strains (Fig. 2B). The BB2393 *dnaK103*(Am) strain was chosen in this study over the BB1553 (Δ*dnaK52*) deletion strain since it has about normal levels of functional DnaJ cochaperone in contrast to the deletion strain, in which the essential DnaJ cochaperone level is reduced by more than 95% (19, 28). Normal amounts of DnaJ have been shown to be of great importance for studies of the complementation of *E. coli* DnaK defects by *Bacillus subtilis* DnaK (20).

As shown in Fig. 3B, line 1, the BB2393 *dnaK103*(Am) strain does not grow at 43°C, although it grows normally at 30°C, and is unable to support the growth of λ phage, by contrast to the MC4100 wild-type strain, which grows normally at 30 and 43°C and which supports the growth of λ phage (not shown). As expected, the IPTG-induced expression of the wild-type DnaK protein (NPC [Fig. 1]) in this strain complemented these two phenotypes (Fig. 3B, line 2). However, expression of rat Hsc70 (N′P′C′, where N′, P′, and C′ are the domains of Hsc70 that correspond to DnaK N, P, and C, respectively) was not able to do so, and neither thermoresistance at 43°C nor growth of λ phage was observed (Fig. 3B, line 3) even though the protein was present (Fig. 3C, line 3) at an intracellular level comparable to that of DnaK (Fig. 3D, lines 2 and 3). Thus, there seems to be no correlation between the protein expression level and complementation properties. Note, however, that DnaK and Hsc70 are overexpressed in these strains at levels about 20 times those for the wild-type strain, which has about 5 ng of DnaK/μg of total soluble proteins.

Based on this result, it was therefore of interest to determine the structural elements of DnaK required to ensure growth at high temperatures and propagation of λ phage.

Rationale for the design of the Hsc70-DnaK chimeric proteins by domain swapping. The rationale for the design Hsc70-

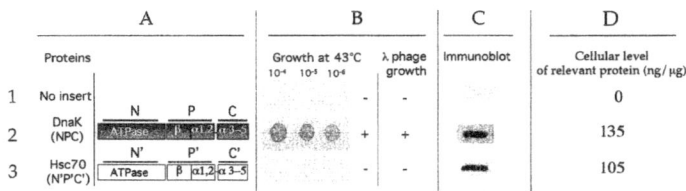

	A	B			C	D
	Proteins	Growth at 43°C		λ phage	Immunoblot	Cellular level
		10^{-4} 10^{-3} 10^{-4}		growth		of relevant protein (ng/μg)
1	No insert			−		0
2	DnaK (NPC)			+		135
3	Hsc70 (N′P′C′)			−		105

FIG. 3. Complementation of the *E. coli* BB2393 *dnaK103* strain by DnaK and Hsc70 proteins. (A) Schematic structures of the *E. coli* DnaK and rat Hsc70 used for complementation of the *E. coli* BB2393 *dnaK103* strain showing the three domains: the N-terminal ATPase domain (N in DnaK and N′ in Hsc70), the substrate-binding domain (P in DnaK and P′ in Hsc70), and the C-terminal domain (C in DnaK and C′ in Hsc70). (B) Cell growth at high temperatures. Overnight cultures (30°C) of BB2393 *dnaK103*:pDMI.1:pUHE21 (no insert), BB2393 *dnaK103*:pdnaK (DnaK), and BB2393 *dnaK103*:pDMI.1:phsc70 (Hsc70) were prepared as described in Materials and Methods. Serial dilutions (top of the panel) of these saturated overnight cultures were then spread on kanamycin- and ampicillin-containing LB plates, in the absence (not shown) or presence of IPTG (100 μM) and incubated at 30 and 43°C for 24 h. Undiluted aliquots of overnight cultures were used to harvest bacteria for measuring the lytic growth of λ phage, as described in Materials and Methods. (C) Immunoblots. See Materials and Methods. (D) Cellular levels of relevant proteins, obtained as described in Materials and Methods, are expressed as nanograms of relevant protein per microgram of total soluble proteins in extracts. DnaK and Hsc70 are overexpressed in these strains at levels about 20-fold higher than that for the wild-type strain (not shown), which has about 5 ng of DnaK/μg of soluble proteins.

	A	B			λ phage	C	D
	Chimeras	Growth at 43°C			growth	Immunoblot	Cellular level of relevant protein (ng/µg)
		10^{-4}	10^{-5}	10^{-6}			
1	N'PC [ATPase] β α1,2 α3-5	●	●	●	+	+	▬	117
2	NP'C' [ATPase] β α1,2 α3-5				–	–	▬	124
3	NP'C [ATPase] β α1,2 α3-5				–	–	▬	134
4	N'PC' [ATPase] β α1,2 α3-5	●	●	●	+	+	▬	84
5	NPC' [ATPase] β α1,2 α3-5	●	●	●	+	+	▬	95
6	N'P'C [ATPase] β α1,2 α3-5				–	–	▬	112

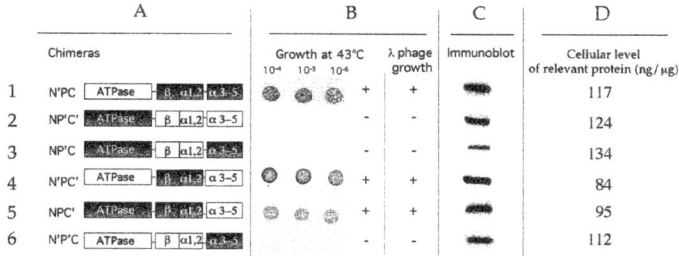

FIG. 4. Complementation of the *E. coli* BB2393 *dnaK103* strain by the different chimeric Hsp70 proteins. The nomenclature of the different domains (dark boxes, DnaK; white boxes, Hsc70) of the proteins and the procedures are as described in the legend to Fig. 3 (for corresponding plasmids, see Table 1).

DnaK chimeric proteins was that of whole-domain exchange between Hsc70 and DnaK, taking into account the modular structure of these proteins. Indeed, the fact that the three domains composing the Hsp70s can be expressed separately in and purified from *E. coli* or obtained by limited proteolysis indicates that these domains behave as true independent folding and structural units. Moreover, the structure of the three isolated domains has been established by X-ray crystallography and nuclear magnetic resonance, and their associated functional properties have been studied (7, 9, 12, 23). Thus, the respective domains of the different members of the Hsp70 family can be swapped with confidence since the structural integrity and overall stability of the parent proteins should be maintained in the resulting chimeric proteins.

Therefore, the eight possible combinations among the three respective domains, N', P', and C' of Hsc70 and N, P, and C of DnaK, were constructed and analyzed for their ability to complement the temperature sensitivity phenotype of the BB2393 *dnaK103* strain and growth of λ phage. Two splice junctions corresponding to the domain boundaries defined by structural and functional studies were introduced in solvent-accessible connecting loops (Fig. 1): a first junction point at residue 386 between the N and P domains of DnaK, corresponding to residue 389 in Hsc70, and a second junction point at residue 557 between the P and C domains (at the end of helix α2, which forms the putative lid), which corresponds to residue 563 of Hsc70. The introduction of these junction points entailed some substitutions and insertions in the protein sequences (see Material and Methods). Nevertheless, even though these modifications, located at solvent-exposed loops connecting the domains, were not expected to change the functional properties of the proteins, it was verified that the complementation properties of DnaK and Hsc70 were not affected by these changes and were indistinguishable from those of the wild-type proteins reported in Fig. 3 (results not shown).

The peptide-binding domain of DnaK is essential for growth of *E. coli* cells at high temperatures and for λ phage replica-tion. As shown in Fig. 4, cells bearing the NP'C' chimera, having the N-terminal domain of DnaK and the peptide-binding and C-terminal domains of Hsc70, do not grow at 43°C and do not support λ phage growth (Fig. 4B, line 2), even though the protein is expressed at levels comparable to those of other chimeras (Fig. 4C and D, line 2). This indicates that the presence of the N-terminal domain of DnaK in the chimera is not sufficient to restore growth. However, its counterpart, chimera N'PC, having the peptide and C-terminal domains of DnaK and the N-terminal domain of Hsc70, is able to restore growth (Fig. 4B, line 1), indicating that the presence of the peptide-binding and C-terminal domains of DnaK in the hybrid protein is necessary for complementation of both phenotypes. This is due to the sole presence of the peptide-binding domain of DnaK in the chimeric protein, since a strain carrying Hsc70 in which only the peptide-binding domain is replaced by that of DnaK (N'PC') is able to grow at 43°C and to support λ phage growth (Fig. 4B, line 4). As shown in Fig. 4B and D, the difference in complementation properties between the various chimeras is not related to differences in intracellular amounts of the relevant protein, since all chimeras are expressed at comparable levels, but rather reflects intrinsic functional differences. Thus, whether the N-terminal and C-terminal domains come from DnaK or Hsc70 (N or N' and C or C', respectively) in the hybrid protein, only the peptide-binding domain of DnaK (P) appears to be the determinant for complementation of the *dnaK* strain for growth at high temperatures and for propagation of λ phage (compare lines 1, 4, and 5 of Fig. 4B).

DISCUSSION

From these studies, it appears that rat Hsc70, which has more than 50% sequence identity in the N-terminal domain and peptide-binding domain with *E. coli* DnaK (3, 34), is unable to ensure growth of the BB2393 *dnaK103*(Am) strain at high temperatures or to support the growth of λ phage. Nevertheless, an Hsc70 in which the peptide-binding domain is replaced by that of DnaK (chimera N'PC') can restore these two phenotypes, indicating that the P domain of DnaK is the determining factor for growth at high temperatures and λ phage propagation. Most importantly, the P domain seems also to have a species specificity since an *E. coli* DnaK in which only the P domain is replaced by that of rat Hsc70 (chimera NP'C) is inefficient and unable to ensure thermoresistance and phage growth. These findings, which suggest that functional specificity is related to peptide binding specificity, are in contrast with those reported for *Saccharomyces cerevisiae* Hsp70 Ssa-Ssb chimeric proteins (17). However, the phenotypes analyzed in such studies, cold sensitivity and hygromycin B sensitivity, are distinct from thermoresistance and phage growth, addressed in this work,. Moreover, the chimeras used by James et al. (17) were made using Ssa, a yeast "classical" Hsp70 that is functionally related to DnaK and the Hsc70 family, and Ssb, an "unconventional" Hsp70 that has divergent functional properties (24).

Functional specificity of the peptide-binding domain of DnaK for growth at high temperatures and λ phage multiplication should depend on the peptide-binding site itself and/or on the dynamics of the helical lid. In this respect, the peptide-binding domain of DnaK (P) and that of Hsc70 (P') are both composed of two regions (Fig. 1): a β sandwich subdomain, holding the peptide-binding site, and an α-helical region, which forms a lid controlling the accessibility to the peptide-binding pocket (9, 23, 34). As far as the substrate-binding site is concerned, it is exceptionally well conserved in Hsp70s in general and in DnaK and Hsc70 in particular, and most residues involved in peptide binding are identical in both proteins. Moreover, substrate specificities in vitro for Hsc70 and DnaK are comparable; both proteins bind short peptides of 5 to 7 residues, mostly hydrophobic (12a, 32, 33, 34), and Hsc70 can substitute for DnaK in protein renaturation in vitro (35). Thus, it is unlikely that functional specificity of the peptide-binding domain of DnaK is due exclusively to the peptide-binding site, unless the latter has a more stringent peptide binding specificity in vivo than in vitro. However, functional specificity could be related to the helical region forming the lid over the binding site, which regulates access to it by a latch-like mechanism (20a, 34). Indeed, even though P and P' are very similar in the substrate-binding site, there is a strong sequence variation between them in the helical region that forms the lid. In fact, it has been proposed that changes in amino acid composition (25) and orientation (21) of this latch in Hsc70 relative to DnaK are the determinant of the DnaK chaperone activity (19). Hence, dynamics in the latch opening and closing may be involved in discriminating the substrate in vivo and ultimately in conferring a specific target protein-binding capacity to P but not to P'. Finally, the ability of P, but not of P', to complement may also be due to specific interactions in vivo with the co-chaperones DnaJ and GrpE, or yet-unknown interactions with critical components of the cell machinery

It is well established that thermoresistance and λ phage propagation in *E. coli* are based on the ability of the DnaK-DnaJ-GrpE chaperone system to prevent heat-induced damage and to interact with the phage replication protein complex (20, 27). DnaJ is known to bind to the N-terminal ATPase domain of DnaK and other Hsp70s, including Hsc70. However,

GrpE is known to bind to DnaK but not to Hsc70 since the latter lacks the primary binding sites in the N-terminal ATPase domain (4). Thus, all the proteins studied here that are able to complement can in principle bind to DnaJ through their N-terminal domains be it N' of Hsc70 or N of DnaK. However, only proteins having the ATPase domain of DnaK (N) bind GrpE. In spite of this, two chimeras having the ATPase domain of Hsc70 (N'PC and N'PC') are still able to complement, even though they may not be able to bind GrpE. It is then possible that these chimeras do not need GrpE binding to activate nucleotide exchange, since nucleotide exchange is already fast, and that they do not have to be stimulated, as has been shown for Hsc70 (15). Alternatively, GrpE may interact with the P domains of these chimeras, as has been proposed on the basis of crystallographic and mutagenesis data that additional GrpE binding sites in the C-terminal domain of DnaK do exist (13). This is corroborated by the fact that even the chimeras in which the N-terminal domain of DnaK is present and where an interaction with GrpE is expected to be effective can complement the loss of DnaK only if the peptide-binding domain of DnaK is present.

Altogether, complementation results presented here indicate that the peptide-binding domain of DnaK is essential for the protection of *E. coli* cells at high temperatures and for phage growth.

ACKNOWLEDGMENTS

We thank Bernd Bukau and Axel Mogk for the gift of plasmids and strains.

REFERENCES

1. Bardwell, J. C., and E. A. Craig. 1984. Major heat shock gene of *Drosophila* and the *Escherichia coli* heat-inducible *dnaK* gene are homologous. Proc. Natl. Acad. Sci. USA 81:848–852.
2. Benaroudj, N., B. Fang, F. Triniolles, C. Ghelis, and M. M. Ladjimi. 1994. Overexpression in *Escherichia coli*, purification and characterization of the molecular chaperone HSC70. Eur. J. Biochem. 221:121–128.
3. Boorstein, W. R., T. Ziegelhoffer, and E. A. Craig. 1994. Molecular evolution of the HSP70 multigene family. J. Mol. Evol. 38:1–17.
4. Brehmer, D., S. Rudiger, C. S. Gassler, D. Klostermeier, L. Packschies, J. Reinstein, M. P. Mayer, and B. Bukau. 2001. Tuning of chaperone activity of Hsp70 proteins by modulation of nucleotide exchange. Nat. Struct. Biol. 8:427–432.
5. Buchberger, A., C. S. Gassler, M. Buttner, R. McMacken, and B. Bukau. 1999. Functional defects of the DnaK756 mutant chaperone of *Escherichia coli* indicate distinct roles for amino- and carboxyl-terminal residues in substrate and co-chaperone interaction and interdomain communication. J. Biol. Chem. 274:38017–38026.
6. Bukau, B., and A. L. Horwich. 1998. The Hsp70 and Hsp60 chaperone machines. Cell 92:351–366.
7. Chappell, T. G., B. B. Konforti, S. L. Schmid, and J. E. Rothman. 1987. The ATPase core of a clathrin uncoating protein. J. Biol. Chem. 262:746–751.
8. Chappell, T. G., W. J. Welch, D. M. Schlossman, K. B. Palter, M. J. Schlesinger, and J. E. Rothman. 1986. Uncoating ATPase is a member of the 70 kilodalton family of stress proteins. Cell 45:3–13.
9. Chou, C. C., F. Forouhar, Y. H. Yeh, H. L. Shr, C. Wang, and C. D. Hsiao. 2003. Crystal structure of the C-terminal 10-kDa subdomain of Hsc70. J. Biol. Chem. 278:30311–30316.
10. Craig, E. A., T. D. Ingolia, and L. J. Manseau. 1983. Expression of *Drosophila* heat-shock cognate genes during heat shock and development. Dev. Biol. 99:418–426.
11. Craig, E. A., J. S. Weissman, and A. L. Horwich. 1994. Heat shock proteins and molecular chaperones: mediators of protein conformation and turnover in the cell. Cell 78:365–372.
12. Flaherty, K. M., C. DeLuca-Flaherty, and D. B. McKay. 1990. Three-dimensional structure of the ATPase fragment of a 70K heat-shock cognate protein. Nature 346:623–628.
12a.Fourie, A. M., J. F. Sambrook, and M. J. Gething. 1994. Common and divergent peptide binding specificities of hsp70 molecular chaperones. J. Biol. Chem. 269:30470–30478.
13. Harrison, C. J. M. Hayer-Hartl, M. Di Liberto, F. Hartl, and J. Kuriyan.

1997. Crystal structure of the nucleotide exchange factor GrpE bound to the ATPase domain of the molecular chaperone DnaK. Science 276:431–435.

14. Hartl, F. U., and M. Hayer-Hartl. 2002. Molecular chaperones in the cytosol: from nascent chain to folded protein. Science 295:1852–1858.

15. Hohfeld, J., and S. Jentsch. 1997. GrpE-like regulation of the hsc70 chaperone by the anti-apoptotic protein BAG-1. EMBO J. 16:6209–6216.

16. Ingolia, T. D., and E. A. Craig. 1982. Drosophila gene related to the major heat shock-induced gene is transcribed at normal temperatures and not induced by heat shock. Proc. Natl. Acad. Sci. USA 79:525–529.

17. James, P., C. Pfund, and E. A. Craig. 1997. Functional specificity among Hsp70 molecular chaperones. Science 275:387–389.

18. Mayer, M. P., D. Brehmer, C. S. Gassler, and B. Bukau. 2001. Hsp70 chaperone machines. Adv. Protein Chem. 59:1–44.

19. Mayer, M. P., H. Schroder, S. Rudiger, K. Paal, T. Laufen, and B. Bukau. 2000. Multistep mechanism of substrate binding determines chaperone activity of Hsp70. Nat. Struct. Biol. 7:586–593.

20. Mogk, A., B. Bukau, R. Lutz, and W. Schumann. 1999. Construction and analysis of hybrid Escherichia coli-Bacillus subtilis dnaK genes. J. Bacteriol. 181:1971–1974.

20a.Moro, F., V. Fernandez-Saiz, and A. Muga. 2004. The lid subdomain of DnaK is required for the stabilization of the substrate-binding site. J. Biol. Chem. 279: 19600–19606.

21. Morshauser, R. C., W. Hu, H. Wang, Y. Pang, G. C. Flynn, and E. R. Zuiderweg. 1999. High-resolution solution structure of the 18 kDa substrate-binding domain of the mammalian chaperone protein Hsc70. J. Mol. Biol. 289:1387–1403.

22. Neidhardt, F. C., R. A. VanBogelen, and V. Vaughn. 1984. The genetics and regulation of heat-shock proteins. Annu. Rev. Genet. 18:295–329.

23. Pellecchia, M., D. L. Montgomery, S. Y. Stevens, C. W. Vander Kooi, H. P. Feng, L. M. Gierasch, and E. R. Zuiderweg. 2000. Structural insights into substrate binding by the molecular chaperone DnaK. Nat. Struct. Biol. 7:298–303.

24. Pfund, C., P. Huang, N. Lopez-Hoyo, and E. A. Craig. 2001. Divergent functional properties of the ribosome-associated molecular chaperone Ssb compared with other Hsp70s. Mol. Biol. Cell 12:3773–3782.

25. Rudiger, S., M. P. Mayer, J. Schneider-Mergener, and B. Bukau. 2000. Modulation of substrate specificity of the DnaK chaperone by alteration of a hydrophobic arch. J. Mol. Biol. 304:245–251.

26. Rudiger, S., J. Schneider-Mergener, and B. Bukau. 2001. Its substrate specificity characterizes the DnaJ co-chaperone as a scanning factor for the DnaK chaperone. EMBO J. 20:1042–1050.

27. Schroder, H., T. Langer, F. U. Hartl, and B. Bukau. 1993. DnaK, DnaJ and GrpE form a cellular chaperone machinery capable of repairing heat-induced protein damage. EMBO J. 12:4137–4144.

28. Sell, S. M., C. Eisen, D. Ang, M. Zylicz, and C. Georgopoulos. 1990. Isolation and characterization of dnaJ null mutants of Escherichia coli. J. Bacteriol. 172:4827–4835.

29. Sonderman, H., C. Scheufler, C. Schneider, J. Hohfeld, F. U. Hartl, and I. Moarefi. 2001. Structure of a Bag/Hsc70 complex: convergent functional evolution of Hsp70 nucleotide exchange factors. Science 291:1553–1557.

30. Spence. J., A. Cegielska, and C. Georgopoulos. 1990. Role of Escherichia coli heat shock proteins DnaK and HtpG (C62.5) in response to nutritional deprivation. J. Bacteriol. 172:7157–7166.

31. Suh, W. C., W. F. Burkholder, C. Z. Lu, X. Zhao, M. E. Gottesman, and C. A. Gross. 1998. Interaction of the Hsp70 molecular chaperone, DnaK, with its cochaperone DnaJ. Proc. Natl. Acad. Sci. USA 95:15223–15228.

32. Takayama, S., D. N. Bimston, S. Matsuzawa, B. C. Freeman, C. Aime-Sempe, Z. Xie, R. I. Morimoto, and J. C. Reed. 1997. BAG-1 modulates the chaperone activity of Hsp70/Hsc70. EMBO J. 16:4887–4896.

33. Takenaka, I. M., S. M. Leung, S. J. McAndrew, J. P. Brown, and L. E. Hightower. 1995. Hsc70-binding peptides selected from a phage display peptide library that resemble organellar targeting sequences. J. Biol. Chem. 270:19839–19844.

34. Zhu, X., X. Zhao, W. F. Burkholder, A. Gragerov, C. M. Ogata, M. E. Gottesman, and W. A. Hendrickson. 1996. Structural analysis of substrate binding by the molecular chaperone DnaK. Science 272:1606–1614.

35. Ziemienowicz, A., I. Konieczny, and U. Hubscher. 2001. Calf thymus Hsc70 and Hsc40 can substitute for DnaK and DnaJ function in protein renaturation but not in bacteriophage DNA replication. FEBS Lett. 507:11–15.

III/ Résultats

Hsc70 ne peut pas se substituer à DnaK

Nous avons pu montrer que Hsc70(rat), bien que partageant plus de 50% d'identité de séquence et une structure tridimensionnelle extrêmement proche avec son homologue procaryote DnaK, ne pouvait pas se substituer à ce dernier pour assurer les fonctions cellulaires essentielles à la survie de *E.coli* à 43°C ainsi que les fonctions impliquées dans la réplication de l'ADN du phage λ.

Le Peptide Binding Domain (PBD) de DnaK porte la spécificité d'espèce

Les études de complémentation fonctionnelle utilisant les chimères Hsc70-DnaK ont pu montrer que la spécificité d'espèce de DnaK est portée par le PBD «Peptide Binding Domain». En effet, une Hsc70 donc le PBD a été remplacé par celui de DnaK (les autres domaines N et C terminaux provenant de Hsc70) parvient à restaurer la thermorésistance à 43°C et la sensibilité au phage λ à 30°C. De surcroît une DnaK dont le PBD a été remplacé par celui de Hsc70 ne peut pas restaurer la thermorésistance et la croissance du phage λ. Ainsi, parmi les six chimères, seules celles contenant le PBD de DnaK sont parvenues à restaurer les phénotypes sauvages. Ce PBD, domaine central de la protéine, contient le site de fixation des peptides situé au sein d'un feuillet β prolongé par deux hélices α qui forment un couvercle au dessus du site supposé réguler son accès.

IV/ Discussion

Le domaine de fixation des peptides, le PBD, se présente comme le facteur déterminant pour la croissance à hautes températures et pour de la propagation du phage lambda. De plus le PBD semble porter la spécificité d'espèce puisque seules les chimères contenant celui de DnaK sont capables de restaurer les phénotypes sauvages de croissance à hautes températures et de sensibilité au phage lambda. Ces résultats suggérant que la spécificité fonctionnelle est reliée à une spécificité du PBD sont en contradiction avec ceux donnés pour SSa et SSb, les HSP70 chez *Saccharomyces cerevisiae* (James et al., 1997), au travers des études de complémentation fonctionnelle des phénotypes cryosensibilité et sensibilité à l'hygromycine B par des protéines chimère SSa-SSb. Dans ces études, James et al, ont montré que le PBD ne semblait pas porter de spécificité fonctionnelle. Cependant, cette contradiction au niveau des résultats n'est pas si étonnante: il faut noter que d'une part SSb est une HSP70 dite «non conventionnelle» qui possède des propriétés fonctionnelles divergentes de celles des HSP70, au contraire de DnaK et de Hsc70 qui possèdent des propriétés communes aux HSP70. D'autre part, les phénotypes étudiés chez *Saccharomyces cerevisiae* sont différents des phénotypes de thermorésistance et de croissance du phage lambda étudiés chez *E.coli,* qui sont au centre de ce travail.

Deux régions peuvent être responsables de la spécificité du PBD de DnaK

Compte tenu de la structure du PBD, deux régions précises pourraient être responsables de la spécificité fonctionnelle vis-à-vis de la thermorésistance et de la multiplication du phage lambda. La spécificité pourrait être portée par le site de fixation des peptides substrats et/ou par la dynamique des hélices α formant le «couvercle» au dessus du site.

Le site de fixation des substrats peptidiques est cependant extrêmement bien conservé chez les HSP70 et plus particulièrement entre DnaK et Hsc70. En effet, la plupart des résidus impliqués dans les interactions avec les substrats peptidiques sont identiques chez les deux homologues. De plus, *in vitro* les spécificités de substrat de Hsc70 et de DnaK sont comparables. Les deux protéines fixent de courts peptides de 5 à 7 résidus hydrophobes (Fourie et al., 1994 ; Takayama et al., 1997 ; Zhu et al., 1996). De surcroît, il a été montré que Hsc70 pouvait se substituer à DnaK dans des expériences de renaturation *in vitro* (Ziemienowicz et al., 2001). Ainsi, il est peu probable que la spécificité fonctionnelle du PBD de DnaK soit due exclusivement à son site de fixation des peptides, à moins que la spécificité de fixation des peptides par DnaK soit plus stringente *in vivo* que *in vitro*. Dans ce cas, le site de fixation des peptides de DnaK serait le seul approprié pour accomplir son rôle chez *E.coli*.

Toutefois, la spécificité fonctionnelle pourrait être portée par la région hélicoïdale formant un « couvercle » régulant l'accès au site de fixation (Moro et al. , 2004 ; Zhu et al., 1996). En effet, bien que les PBD des deux homologues soient très similaires au niveau du site de fixation des peptides, il existe entre eux de grandes variations de séquences au niveau des hélices $\tilde{\alpha}$ Il a par ailleurs été proposé que des changements dans la composition en acides aminés (Rudiger et al., 2000) ou dans l'orientation des hélices (Morshauser et al., 1999) entre DnaK et Hsc70 soient à la base de leur différence d'activité (Mayer et al., 2000). De plus, *in vivo*, la dynamique dans l'ouverture ou la fermeture du site par les hélices pourrait être impliquée dans la discrimination des substrats, voir conférer au PBD une spécificité à fixer certaines protéines. De plus, les hélices pourraient également être impliquées *in vivo* dans des interactions spécifiques avec les co-chaperons DnaJ et GrpE ou dans des interactions avec des composants cellulaires pas encore identifiés.

Implication des résultats sur les relations chaperons/co-chaperons

Il est couramment admis que la thermorésistance et la propagation du phage lambda chez *E.coli* sont basées sur la capacité du trio DnaK-DnaJ-GrpE à prévenir les dommages causés par l'augmentation de la température et à interagir avec le complexe protéique de réplication du phage (Mogk et al., 1999 ; Schroder et al ; 1993). DnaJ est connue pour fixer le domaine N-terminal de DnaK et des autres Hsc70. GrpE quant à lui, ne peut se fixer qu'à DnaK. En effet, le domaine N-terminal de Hsc70 ne possède pas les sites de fixation requis (Brehmer et al., 2001). Il faut noter que toutes les protéines chimères étudiées dans ce travail sont en principe capables de fixer DnaJ via leur domaine N-terminal (que ce dernier provienne de Hsc70 ou de DnaK). Cependant, seules les chimères possédant le domaine ATPase de DnaK sont susceptibles de fixer GrpE. Pourtant, certaines chimères possédant le domaine N-terminal de Hsc70 (et le PBD de DnaK), bien que ne fixant pas à priori GrpE, sont capables de complémenter les souches *dnak-*.

Une explication possible à ce résultat serait que dans ce cas, les chimères DnaK/Hsc70 possédant le domaine N-terminal de Hsc70, n'aient pas besoin de fixer GrpE pour activer l'échange nucléotidique, cet échange étant déjà suffisamment efficace, il n'aurait pas besoin d'être stimulé, comme c'est le cas pour celui de Hsc70 (Hohfeld et al.,1997).

Une autre explication serait que à des températures élevées GrpE n'interagirait pas avec le domaine N-terminal de DnaK. Soit il n'interagirait pas du tout avec DnaK et possèderait alors une fonction indépendante de toute fixation à DnaK. Soit GrpE pourrait rentrer en interaction avec le PBD de DnaK. En effet, les données cristallographiques et de mutagenèse laissent supposer qu'il existerait des sites de fixation de GrpE sur DnaK en dehors du domaine N-terminal (Harrison et al., 1997).

L'ensemble de ces résultats de complémentation fonctionnelle montre que le Peptide Binding Domain de DnaK est essentiel à la protection des cellules d'*E.coli* à hautes températures et à la croissance du bactériophage lambda.

CHAPITRE 2

Le sous domaine β de DnaK exprimé seul, assure la thermorésistance à 43°C et la croissance du bactériophage lambda à 30°C, dans la souche *E.coli dnaK103*.

Le sous domaine β de DnaK exprimé seul, assure la thermorésistance à 43°C et la croissance du bactériophage lambda à 30°C, dans la souche *E.coli dnaK103*.

I/ PRESENTATION DU SUJET

Nous avons vu précédemment, que le PBD («Peptide Binding Domain») de DnaK était porteur de la spécificité d'espèce vis-à-vis des fonctions de thermorésistance et de sensibilité au bactériophage λ chez *E.coli*. En effet dans notre précédente publication (Suppini et al., 2004), nous avons montré que contrairement à son homologue eucaryote Hsc70, DnaK (*E.coli*) est capable de restaurer la croissance à hautes températures et la sensibilité au phage lambda chez des souches *E.coli* DnaK⁻ (*dnaK103*). Nous avons également établi en construisant des chimères Hsc70/DnaK, constituées de toutes les combinaisons possibles entre leurs trois domaines respectifs, que le PBD de DnaK portait la spécificité d'espèce de DnaK à la fois, au niveau de la thermorésistance et au niveau de la sensibilité au bactériophage λ; puisqu'une Hsc70 dans laquelle le PBD a été remplacé par celui de DnaK peut restaurer à la fois la thermotolérance et la croissance du phage λ .

Lors de la construction des chimères, nous avons défini le PBD sur les bases structurales de DnaK et de Hsc70 à notre disposition. Le PBD comprend la région en feuillets β contenant le site de fixation des peptides substrats et les deux premières hélices α C-terminales, formant dans la structure tridimensionnelle un couvercle au-dessus du site de fixation. En alignant les séquences du PBD d'Hsc70 et de celui de DnaK, une grande conservation des résidus entre les deux homologues apparaît. Cependant deux régions variables peuvent être mises en évidence. La première se situe au niveau du site de fixation des peptides où certains résidus en contact avec le peptide substrat dans la structure cristallographique de DnaK, diffèrent entre DnaK et Hsc70 (Figure 15 et 16) La seconde se situe au niveau des hélices $\alpha 1$ et $\alpha 2$, et particulièrement au niveau de deux séquences (Figure 15 et 16) qui, localisées sur la structure tridimensionnelle se positionnent soit en face du site de fixation des peptides soit dans une région charnière entre les deux hélices.

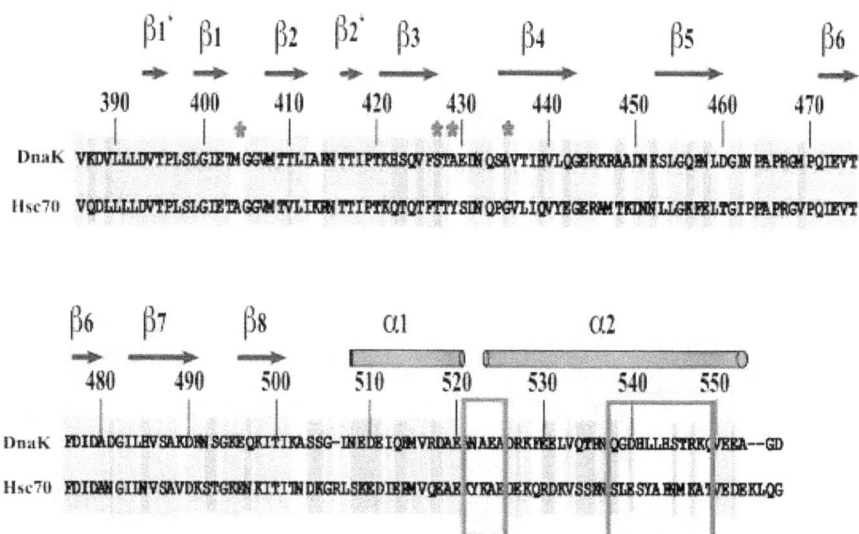

Figure 15: Alignement de séquences des PBD de DnaK et de Hsc70 basé sur la structure tridimensionnelle. L'identité et les remplacements conservatifs sont représentés en jaune et en rose respectivement. Les étoiles rouges correspondent aux résidus en interaction avec les peptides substrats qui diffèrent entre DnaK et Hsc70. Les zones principales de variabilité sont encadrées en vert. Les structures secondaires sont représentées au-dessus des séquences.

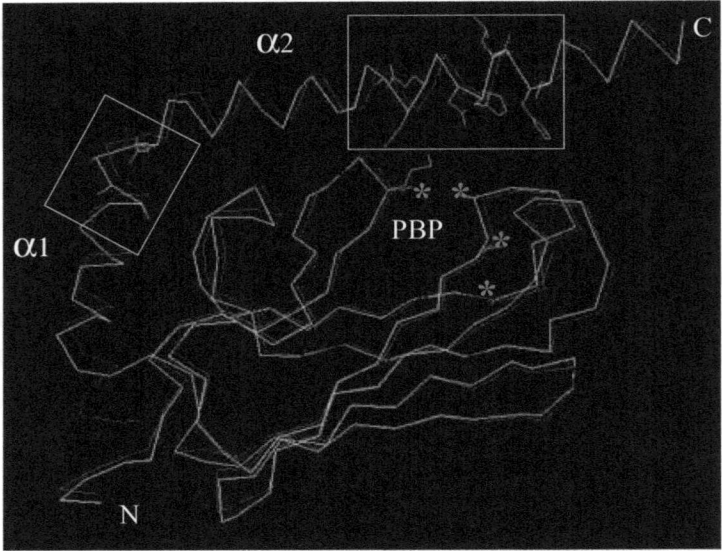

Figure16: Superposition des structures de DnaK (jaune) et du modèle de Hsc70 (rouge). Les résidus et zones variables sont notés comme sur la *Figure 15*. PBP pour « Peptide Binding Pocket » ou poche de fixation des peptides. Les étoiles rouges correspondent aux résidus en interaction avec les peptides substrats qui diffèrent entre DnaK et Hsc70

L'identification de ces trois régions nous ont permis de formuler deux hypothèses :

La spécificité de DnaK résulterait d'une spécificité de substrat. Dans ce cas les résidus en contact avec le substrat ou positionnés en face de la poche de fixation s'avéreraient essentiels. Nous avons vu précédemment que DnaK est supposée intervenir dans un grand nombre de processus cellulaires. Toutefois, la protéine n'est pas une protéine essentielle puisque la délétion du gène *dnaK* n'entraîne pas la mort de la cellule, mais plutôt une thermosensibilité, une résistance à l'infection par le phage lambda et des défauts de croissance à 30°C (comme la filamentation). Ces défauts à 30°C, peuvent d'ailleurs être compensés par une surexpression d'autres chaperons comme GroEL. Il faut également savoir que *in vitro*, Hsc70 peut remplacer DnaK dans des expériences de renaturation (y compris pour des protéines d'origines procaryotes). Le fait que Hsc70 ne puisse complémenter la thermosensibilité et restaurer la sensibilité au bactériophage lambda d'une souche *dnaK⁻*, qu'à la condition que son PBD soit remplacé par celui de DnaK, laisse supposer que la fonction essentielle de la protéine à hautes températures pourrait être due à une spécificité d'interaction via le site de fixation des peptides avec une ou plusieurs protéines substrats spécifiques.

La spécificité du PBD pourrait être également la conséquence d'interactions protéines/protéines spécifiques entre le PBD de DnaK et d'autres protéines non substrat (autres chaperons, co-chaperons,…) impliquées dans la survie de la bactérie à hautes températures et dans la réplication du phage λ. Les régions mises en évidence au niveau des hélices seraient alors probablement impliquées dans la fixation de ces protéines.

Dans le but de pouvoir identifier la région du Peptide Binding Domain porteuse de la spécificité de fonction de DnaK, nous avons construit de nouvelles protéines chimères Hsc70/DnaK, en échangeant les deux régions d'intérêt du PBD : le sous domaine β appelé dans cette étude **B**, contenant le site de fixation des protéines substrats , et ce que nous appellerons dans ce manuscrit le sous domaine **H** constitué des hélices α1 et α2 formant le couvercle régulant l'accès des substrat au site actif. Nous avons ainsi définit les HSP70 comme étant constituées de 4 régions : la région N contenant le domaine N-terminal ATPase ; la région B contenant le sous domaine β dans lequel est situé le site de fixation des peptides substrats ; la région H constitué des hélices α1 et α2 ; et la région C contenant les trois dernières hélices C-terminales (voir Figure 17).

Il faut noter quand dans ce travail les domaines provenant de DnaK sont représentés par les lettres N,B,H ou C et ceux de Hsc70 par les lettre N',B',H' ou C'. Une protéine NBHC correspond donc à une DnaK sauvage et une protéine N'B'H'C' correspond à une Hsc70 sauvage.

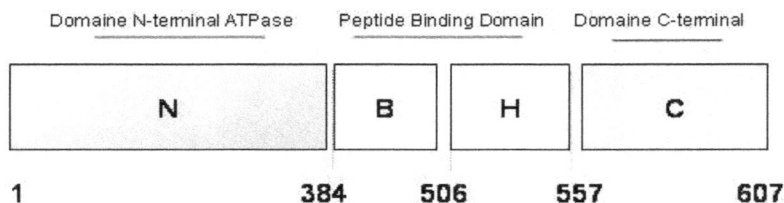

Domaine N-terminal ATPase		Peptide Binding Domain		Domaine C-terminal
N		B	H	C
1		384	506 557	607

Figure 17: *Représentation schématique des 4 régions N, B, H et C de DnaK.*

Les nouvelles protéines chimères ont été utilisées dans des expériences de complémentation fonctionnelle des phénotypes thermosensibilité et résistance à l'infection par le bactériophage lambda des souches *E.coli BB2404* (*dnaK103*). **La souche BB2404 correspond à la souche BB2393 (Suppini et al.2004) dans laquelle le plasmide pDMI.1 (Kan^r) codant pour le répresseur LacI a été inséré.** De nouvelles protéines chimères ainsi que des mutants ponctuels ou de délétion de DnaK et de Hsc70 ont également été construits et utilisés, *in vivo*, afin tout d'abord, de préciser le rôle de chacune des régions de DnaK dans les fonctions de la protéine à hautes températures et dans la réplication du phage lambda; puis de tenter de convertir une Hsc70 en une DnaK active vis-à-vis de ces deux phénotypes.

II / MATERIELS ET METHODES

II.1 Plasmides et souches utilisés.

Les différents vecteurs d'expression codant pour les protéines chimériques et les mutants ponctuels ou de délétion, utilisés dans ce travail ont été construits avec les plasmides pDnaK et le pUHE21-2FdΔ12 donnés par le Professeur Bernd Bukau (Université de Heildelberg, Allemagne). L'ensemble des souches et des plasmides, utilisés dans cette étude, sont listés dans le Tableau 4.

Les souches de bactéries *E. coli* ultracompétentes qui ont été utilisées pour les différentes constructions ont été fournies par Stratagene: *E.coli* XL2-Blue utracompetent cell (*recA1 endA1 gyrA96 thi-1 hsdR17 supE44 relA1 lac F' proAB lacI^q ZΔM15 Tn10(Tet^r) Amy Cam^r*). **La souche utilisée pour les expériences de complémentation fonctionnelle est la souche mutante *dnak103 E.coli BB2404* (C600 *dnaK103-ts, thr::Tn10*) . Cette souche mutante est en fait une souche CG880 (CG600 *dnak103*), appelée également BB2393 (Suppini et al., 2004), dans laquelle a été inséré le plasmide pDMI codant pour le répresseur LacI^q).** Les bactéries BB2404 compétentes ont été préparées suivant la méthode au CaCl2 décrite dans le livre: « Molecular Cloning Book » par Sambrook, Fritsch et Maniatis.

Le milieu (LB) Luria-Bernati a été utilisé pour les croissances bactériennes. Le Tryptone, les extraits de levure et l'agar ont été obtenus des laboratoires Difco, et l'ampiciline (utilisée à 100µM) et la kanamycine (utilisée à 50µM) de Sigma.

Souche ou plasmide	Génotype ou description	référence
E.coli MC4100	*F- araD139 Δ (argF-lac)U169 rpsL150 relA1 deoC1 ptsF25 rbsR fbB301*	Mogk et al., 1999
E.coli BB 2404	C600 *dnaK103(Am) thr ::sidB1* contenant le *plasmide pDMI-1*	Mayer et al.,2000
pUHE21-2fdD12	Dérivé du pBR322 contenant un site multiple de clonage en amont d'un promoteur *lac*	Buchberger et al., 1999
pDMI-1	Dérivé du pUC18 codant sous contrôle du promoteur *lac* le répresseur LacI	Mogk et al., 1999
pDnaK	Dérivé du pUHE21-2fdD12 codant pour DnaK (NPC ou NBHC)	Suppini et al., 2004
pHsc70	Dérivé du pUHE21-2fdD12 codant pour Hsc70 (N'P'C' ou N'B'H'C')	Suppini et al., 2004
pJP7	Dérivé du pUHE21-2fdD12 codant pour la chimère N'BH'C'	Ce travail
pJP8	Dérivé du pUHE21-2fdD12 codant pour la chimère NB'HC	Ce travail
pJP9	Dérivé du pUHE21-2fdD12 codant pour la chimère N'B'HC'	Ce travail
pJP10	Dérivé du pUHE21-2fdD12 codant pour la chimère NBH'C	Ce travail
pJPΔ1	Dérivé du pUHE21-2fdD12 codant pour le mutant de délétion de DnaK NB	Ce travail
pJPΔ2	Dérivé du pUHE21-2fdD12 codant pour le mutant de délétion de DnaK BHC	Ce travail
pJPΔ3	Dérivé du pUHE21-2fdD12 codant pour le domaine N-terminal de DnaK	Ce travail
pJPΔ4	Dérivé du pUHE21-2fdD12 codant pour le sous domaine β de DnaK	Ce travail

pJPΔ5	Dérivé du pUHE21-2fdD12 codant pour les hélices α C-terminales de DnaK	Ce travail
pJPΔchim1	Dérivé du pUHE21-2fdD12 codant pour le mutant chimère de délétion N'B	Ce travail
pJPΔchim2	Dérivé du pUHE21-2fdD12 codant pour le mutant chimère de délétion B H'C'	Ce travail
pJP-βDnaK	Dérivé du pUHE21-2fdD12 codant pour le sous domaine β de DnaK	Ce travail
pJP̃βHsc70	Dérivé du pUHE21-2fdD12 codant pour le sous domaine β de hsc70	Ce travail
pJP-DnaKG400D	Dérivé du pUHE21-2fdD12 codant pour le mutant G400D de DnaK	Ce travail
pJP-DnaKL459P	Dérivé du pUHE21-2fdD12 codant pour le mutant L459P de DnaK	Ce travail
pJP-βG400D	Dérivé du pUHE21-2fdD12 codant pour le mutant G400D du sous domaine β de DnaK	Ce travail
pJP-βL459P	Dérivé du pUHE21-2fdD12 codant pour le mutant L459P du sous domaine β de DnaK	Ce travail

PJPHsc70A406M	Dérivé du pUHE21-2fdD12 codant pour le mutant A406M de DnaK	Ce travail
PJP-Hsc70T429S	Dérivé du pUHE21-2fdD12 codant pour le mutant T429S de DnaK	Ce travail
PJP-Hsc70Y431A	Dérivé du pUHE21-2fdD12 codant pour le mutant Y431A de DnaK	Ce travail
PJP-Hsc70G437A	Dérivé du pUHE21-2fdD12 codant pour le mutant G437A de DnaK	Ce travail

Tableau 4 : Plasmides et souches utilisés dans ce travail

II.2/Construction des protéines chimères

Dans le but de construire quatre nouvelles protéines chimères DnaK/Hsc70, formées soit par l'échange du sous domaine B entre DnaK et Hsc70, soit par celui des deux premières hélices α formant le sous domaine H du Peptide Binding Domain (PBD); nous avons introduis, par mutagenèse dirigée (Quickchange kit de Stratagene), dans la séquence codante de *dnaK* et de *hsc70,* un site de restriction KpnI (1510-1515 chez *dnaK* et 1519-1524 chez *hsc70*) séparant le domaine P de DnaK et de Hsc70 en deux sous domaines: le sous domaine B (uniquement constitué de feuillets β et contenant le site de fixation des peptides substrats) et le sous domaine H (constitué des premières hélices α formant un couvercle au dessus du site), voir Figure 18.

Il faut noter que la création des sites **KpnI** chez *dnaK* et *hsc70* a été décidée afin de réduire au maximum les changements au niveau de leur séquence protéique.

Cependant certaines modifications n'ont pu être évitées : **chez Dnak S504G et G505T et chez Hsc70 R508T.** Il faut cependant noter que ces modifications n'entraînent pas de changement dans la capacité de DnaK et Hsc70 à restaurer ou non la croissance à hautes températures et la sensibilité au phage lambda chez les souches *E.coli* DnaK-.

Les séquences codantes de *dnaK* et de *hsc70* utilisées sont celles construites lors de notre précédent travail (Suppini et al., 2004). Elles comportent les sites de restriction **AflII** (positionnés dans la séquence codante au niveau de la boucle séparant le domaine N-terminal du domaine P position 386 à 387 chez DnaK et 389 à 390 chez Hsc70) et **SpeI** (positionnés dans la boucle séparant le domaine P et le domaine C-terminal, entre les hélices $\alpha2$ et $\alpha3$, position 557 à 558 chez DnaK et 563à 564 chez Hsc70). **La création de ces sites de restriction avait conduit a des changements dans la séquence de DnaK (une leucine**

81

remplace la valine 386, et une valine est inséré en position 558) et de Hsc70 (une leucine remplace la valine 389, une lysine remplace la glutamine 390 une leucine remplace l'isoleucine 563 et une valine remplace l'asparagine 564). Il faut noter que les propriétés de complémentation des plasmides codant les protéines DnaK et Hsc70 modifiées par l'insertion de ces sites sont identiques à celles des plasmides codant les protéines sauvages (Suppini et al., 2004 et ce travail). Ces sites de restriction AflII, SpeI, KpnI sont des sites uniques.

Chacun des deux plasmides parents pDnaK et pHsc70 est digéré par le même couple d'enzyme de restriction (AflII/KpnI ou KpnI/SpeI). Après une électrophorèse en gel d'agarose à 2% chaque produit de migration (les petits fragments AflII-KpnI et KpnI-SpeI ; ainsi que les grands fragments pUHE21-2fd 12-Hsc70 ou DnaK sans la partie séparée) sont purifiés du gel par « Geneclean » (kit fournis par BIO101). Les fragments sont ensuite mélangés de manière à obtenir les chimères désirées. Après une nuit de ligation à 16°C les produits sont utilisés pour transformer des bactéries XL2-Blue utracompétentes fournies par Stratagene. Les séquences de tous les transformants ont été ensuite vérifiées par séquençage automatique chez MWG-Biotech.

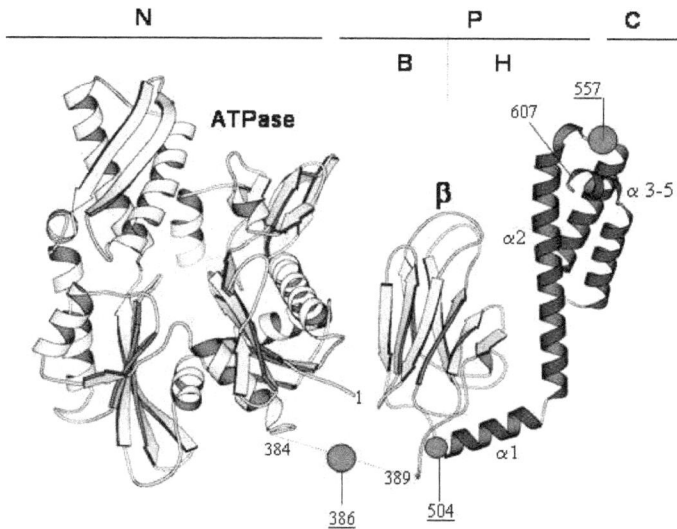

Figure 18 : _Structure tridimensionnelle de DnaK montrant les trois domaines N_
(1 à 384), P (389 à 557) et C (557 à 607) ; et les deux sous domaines de P (B:
de 389 à 504 constitué du sandwich β ou se situe le site de fixation des peptides
et H 504 à 557 constitué des hélices α1 et α2 formant le couvercle au dessus du
site de fixation). Les résidus 386, 504 et 557 symbolisés par des cercles
symbolisent les points de jonctions utilisés pour la construction des chimères.

II.3/ Construction des mutants de délétion

Les mutants de délétion ont été construit par PCR (Polymérase Chain Reaction) en utilisant la Pfu turbo polymérase (fournie par Stratagene), pDnaK, pHsc70 ou pJP7 (codant la protéine chimère N'BH'C') comme matrices ainsi qu'un couple d'oligonucléotides choisi pour amplifier le fragment désiré. De plus chaque paire d'oligonucléotides crée des sites de restriction aux extrémités 5' et 3' (5' BamHI et 3' HindIII) afin de cloner les produits de PCR dans le site multiple de clonage du plasmide pUHE21-2fdΔ12 (qui possède des sites uniques de restriction BamHI, HindIII). Après digestion des produits de PCR et du pUHE21-2fdΔ12 par le couple de restriction BamHI-HindIII, les séquences codantes des différents mutants de délétion sont clonées dans le site multiple de clonage du pUHE21-2fdΔ12 en amont d'un promoteur inductible par l'isopropyl-β-D-thiogalactopyranoside (IPTG). Les produits de ligation sont ensuite utilisés pour transformer des bactéries ultracompétentes *E.coli* XL2-Blue (Stratagene). Pour finir, les plasmides sont purifiés par Midiprep (kit fourni par BIO101) et soumis à un séquençage automatique fournis par MWG Biotech.

II.4/ Construction des mutants ponctuels

Les mutations ponctuelles (G400D et L459P décrites par Burkholder et al., 1996) ont été insérées chez DnaK et dans le mutant de délétion βDnaK grâce au système Quickchange de Stratagène. Deux paires d'oligonucléotides complémentaires portant chacune l'une des mutations ont été élaborées. Puis les plasmides pDnaK et pβDnaK ont été amplifié par PCR en utilisant les deux couples d'oligonucléotides et la Pfu turbo polymerase. Les produits de réaction sont ensuite soumis à une digestion par l'enzyme de restriction DpnI qui va détruire les brins d'ADN parentaux (car méthylés), puis utilisés pour transformer les bactéries ultracompétente XL2-Blue (Stratagene). Après une étape de purification par Midi-prep, les plasmides ont été séquencés par MWG-biotech.

Les mutations ponctuelles chez Hsc70 (Hsc70A406M, Hsc70T429S, Hsc70Y431A ou Hsc70G437A) ont été introduites dans la séquence codante de Hsc70 du pHsc70 de la même manière (méthode Quickchange de Stratagène).

II.5/ Complémentation fonctionnelle à 43°C

Pour s'assurer d'avoir une forte répression du promoteur lac sous le contrôle duquel DnaK, Hsc70 et les différents mutants et protéines chimères sont produits, **nous avons utilisé la souche BB2404 correspondant à la souche BB2393 (utilisée dans notre publication précédente) dans laquelle le plasmide pDMI.1 (Kan^r) codant pour le répresseur de LacI a été inséré.** Cette souche a été transformée par les différentes constructions (Amp^r). Les transformants ont été cultivés sur des boites de milieu LB additionné **d'ampicilline (100µg/ml) et de kanamycine (50µg/ml).**

Pour chaque construction, une colonie unique a été prélevée et inoculée dans 2ml de milieu LB liquide contenant de l'ampicilline et de la kanamycine; et mise en culture durant la nuit a 30°C. Des prélèvements de 10 µl de chaque culture ainsi que de leurs différentes dilutions de 10 en 10, sont déposés sur des boîtes de pétri contenant du milieu LB solide (avec de l'agarose) dans lequel a été ajouté de l'ampiciline, de la kanamycine et contenant ou pas de l'IPTG (Isopropyl-b-D-thiogalactopyranoside) a 100µM. Pour chacune des protéines des boites test sont placées à 30°C et à 43°C pour 24 heures. Après les tests et pour contrôler les résultats, chaque plasmide est purifié et utilisé de nouveau pour transformer des souches BB2404 compétentes. Chacun des tests a été refait trois fois.

II.6/ Croissance du bactériophage lambda.

Les expériences de sensibilité ou de résistance au phage lambda ont été réalisées sur les différentes souches d'*E.coli* après une croissance de nuit à 30°C dans du milieu LB contenant de l'ampicilline et de la kanamycine dans lequel on a ajouté 10mM de MgSO4 et 0.2% de maltose avec ou sans IPTG (100µM). Les cellules sont ensuite étalées avec du top-agar à 0,8% sur des boîtes d'agar contenant le même milieu que lors de la culture de nuit. Des dilutions en série du stock de phage λvir ($5x10^9$ PFU/ml) sont déposées sur le top agar. Les boîtes sont ensuite incubées durant la nuit à 30°C entraînant la lyse ou non de chaque souche.

II.7/ Immunoblots et quantification

Des cultures exponentielles à 30°C de MC4100, BB2404 et des souches BB2404 portant les différentes constructions sont induites pendant 5 heures en utilisant 100 µM d'IPTG afin de permettre l'expression des différentes protéines. Deux millilitres de chaque culture a été soumis à une sonication et à une centrifugation. Pour purifier partiellement **les protéines d'intérêt possédant un domaine N-terminal** (provenant de Hsc70 ou de DnaK) des extraits cellulaires, 300 µl des fractions protéiques solubles ont été incubés pendant 5 minutes avec 100 µl de billes d'ATP-agarose dans une solution A (20 mM Tris-HCl pH7.5, 3 mM MgCl2, 1 mM β-mercaptoethanol, 1 mM EDTA) contenant 20 mM de KCl. Après trois lavages avec la solution B (solution A contenant en plus 250 mM de KCl), les Hsp70 sont libérées des billes avec 100 µl de solution E (solution A contenant 20 mM de KCl et 3 mM d'ATP).

Un degré de purification d'environ 80% a pu être atteint grâce a cette procédure. Les extraits cellulaires, comme les protéines partiellement purifiées, ont été soumis à une électrophorèse en gel de polyacrylamide à 12% de sodium dodecyl sulfate (SDS-12% PAGE), colorés avec du bleu de Coomassie ou transférés sur une membrane de nitrocellulose (Hybond-C; Amersham) et ensuite incubées en présence d'anticorps polyclonaux de lapin anti-DnaK (fournis par Bernd Bukau). La détection a été accomplie avec le système ECL (Amersham) suivant le protocole fourni par le fabricant.

Afin de déterminer le niveau cellulaire des différentes protéines d'intérêt, 2 ml de chaque culture en phase exponentielle à 30 °C induite par 100 µM d'IPTG pendant 5 heures ont été soumis à une sonication puis une centrifugation. Les culots ont été resuspendus dans 1 ml de solution A et la concentration protéique a été déterminée par un test de Lowry. La quantité de chaque mélange protéique déposée pour migration sur le gel électrophorétique SDS à 12% a été ajustée sur les bases des concentrations protéiques calculées précédemment. Afin d'obtenir une gamme linéaire pour la quantification des immunoblots, des quantités croissantes de DnaK et de Hsc70 purifiées (allant de 0 à 20 ng) ont été traitées de la même manière. Le contenu des gels a été transféré sur des membranes de nitrocellulose (Hybond-C; Amersham) , qui ont été ensuite incubées avec un anticorps polyclonal de lapin anti-DnaK (DAKO) suivi d'une incubation avec de l'I^{125}-protéineA. La détection a été faite par un PhosphorImager, et la quantification a été obtenue avec le logiciel ImageQuant.

III/RESULTATS

III.1/ Le sous domaine B de DnaK est essentiel à la croissance des bactéries *E.coli* à hautes températures et pour la réplication du bactériophage lambda.

Comme indiqué dans la Figure 19 (lignes 1 et 2), DnaK (NBHC) peut restaurer la croissance à 43°C de souches *E.coli dnaK103* thermosensibles, ainsi que leur infection par le phage λ; contrairement à son homologue Hsc70 de rat (N'B'H'C'). Les chimères NB'HC et N'B'HC' contenant toutes les deux le sous domaine B de Hsc70 les autres parties (domaines N, H et C) provenant soit de DnaK, soit de Hsc70, sont dans l'impossibilité de restaurer la thermorésistance et la croissance du phage λ,bien que ces protéines soient exprimées dans les cellules à un taux comparable à DnaK (colonne D). Ce résultats semblent indiquer que le sous domaine H constitué des deux premières hélices α, ne porte pas la spécificité de fonction de DnaK vis-à-vis des phénotypes de thermorésistance et de sensibilité à l'infection λ; et ce même dans une chimère possédant le domaine N-terminal et C-terminal de DnaK (NB'HC ligne 4).De surcroît, une DnaK dans laquelle on a échangé le sous domaine H par celui de Hsc70 (NBH'C , ligne 6) reste capable de restaurer les deux phénotypes (croissance à 43°C et infection par le phage λ à 30°C), montrant ainsi que le domaine H de DnaK peut être remplacé par celui de Hsc70 sans nuire aux fonctions de la protéine. Ensemble, ces résultats montrent clairement que le sous domaine H du Peptide Binding Domain de DnaK n'est pas la région responsable de la spécificité fonctionnelle du PBD de DnaK.

A l'inverse, le sous domaine B du PBD de DnaK se pose en porteur de cette spécificité. En effet une Hsc70 dans laquelle le sous domaine B a été remplacé par celui de DnaK (N'BH'C'), peut aussi efficacement qu'une DnaK sauvage restaurer la croissance à 43°C et la sensibilité à l'infection lytique par le phage λ chez les souches *E.coli* BB2404 DnaK⁻ (voir <u>Figure 19, ligne 3</u>). Ce résultats sont confirmés par le fait que seules les chimères DnaK-Hsc70 possédant le sous domaine B de DnaK peuvent restaurer la thermorésistance et la sensibilité au phage λ : N'BH'C', NBH'C dans cette étude, ainsi que les chimères NPC' N'PC' et N'PC de la précédente étude (Suppini et al., 2004).

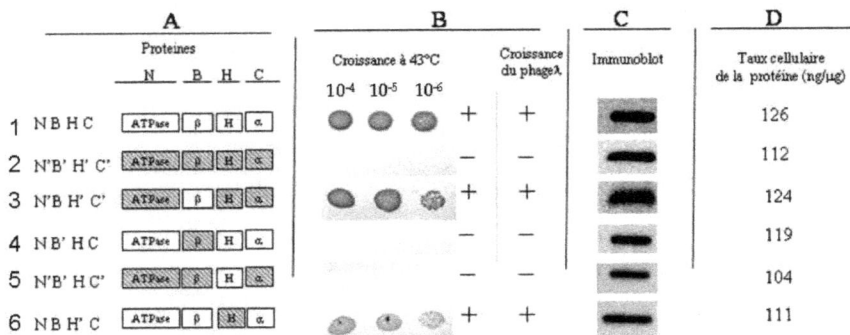

Figure19: _Complémentation fonctionnelle de la souche E.coli BB2404 dnak103 par DnaK, Hsc70 et différentes protéines chimères. La souche BB2404 correspond à la souche BB2393 (Suppini et al.2004) dans laquelle le plasmide pDMI.1 (Kan^r) codant pour le répresseur LacI a été inséré._ **(A) Schéma des structures des différentes protéines utilisées pour complémenter la souche E.coli BB2404 dnaK103.** _Les domaines de DnaK sont représentés en blanc et ceux de Hsc70 de rat en vert. Chacune des protéines sauvages ou chimères possède 4 parties : le Domaine ATPase N-terminal (N chez DnaK, N' chez Hsc70), le sous domaine β du Peptide Binding Domain possédant le site de fixation des peptides substrats (B chez DnaK, B' chez Hsc70), le sous domaine du Peptide Binding Domain contenant les 2 premières hélices α (H chez DnaK, H' chez Hsc70) et le domaine C-terminal (C pour DnaK , C' pour Hsc70)._ **(B) Croissance des cellules à hautes températures.** _Des cultures de nuit (30°C) de BB2404 contenant les plasmides codant pour les différentes protéines ont été préparées comme décrit dans le Matériel et Méthodes. Des dilutions en série des ces cultures sont déposées sur des boites contenant du milieu LB additionné de kanamycine et d'ampicilline, en absence (résultats non montrés) ou en présence d'IPTG (100µM) et incubées 24h à 30°C ou 43°C. Des échantillons non dilués des cultures de nuit ont été utilisés pour réaliser les expériences de croissance lytique du phage λ (voir Matériel et Méthode)._**(C) Immunoblot voir Matériels et Méthodes. (D) Taux cellulaires de protéines** _obtenues comme décrit dans le Matériels et Méthodes et exprimés en nanogrammes de la protéine d'intérêt par microgramme de protéines solubles dans les extraits. Les protéines dans ces souches sont surexprimées d'environ 20 fois par rapport à une souche sauvage qui exprime environ 5 ng de dnaK/µg de protéines solubles (résultats non montrés)._

III.2/ Le sous domaine B de DnaK exprimé indépendamment des autres domaines de la protéines peut restaurer à lui seul la croissance à hautes températures et la sensibilité au phage λ.

Suite aux résultats acquis précédemment où le sous domaine B de DnaK se présentait comme porteur de la spécificité fonctionnelle de la protéine à assurer la croissance à hautes températures et la sensibilité au phage lambda des souches *E.coli* DnaK⁻, nous avons réalisé des mutants de délétions de DnaK et de la chimère N'BH'C' (Hsc70 où le sous domaine B a été remplacé par celui de DnaK). Dans le but de savoir si la présence des autres domaines de la protéine (domaine N-terminal ATPase, sous domaine en hélice α (H) et domaine C-Terminal) est indispensable ou non au bon fonctionnement du sous domaine B de DnaK, nous avons réalisé des études de complémentation fonctionnelle de la thermorésistance et de la propagation du phage lambda avec les différents mutants de délétion.

Comme présenté dans la Figure 20, l'ensemble des hélices α C-terminales (domaine C-terminal et sous domaine H) peut être supprimé sans que les fonctions essentielles de la protéine soient affectées. En effet. Les mutants NB et N'B (Figure 20 ligne 1 et 3) sont tout deux capables de restaurer au même titre qu'une DnaK entière la croissance à 43°C et la sensibilité au phage lambda. Il faut noter également que l'origine du domaine N-terminal (Dnak ou Hsc70) n'a aucun impact sur la capacité des protéines mutantes tronquées de leur hélices à complémenter la souche *E.coli* DnaK-; et que ces deux mutants possèdent le sous domaine B de DnaK.

De manière surprenante, DnaK ou la protéine chimère N'BH'C' peuvent être amputées de leur domaine N-terminal, contenant le site de fixation et d'hydrolyse de l'ATP supposé indispensable à l'activité chaperon des HSP70 , sans que leur capacité à complémenter les souches BB2404 (*dnaK103*) soit affectée. Comme illustré sur la Figure 20 (Figure 20, lignes 2 et 4), les mutants BHC (DnaK tronqué de son domaine N-terminal) et BH'C' (sous domaine B de

DnaK et l'ensemble des hélices de Hsc70) sont capables de restaurer la croissance à hautes températures et la sensibilité au bactériophage lambda des souches DnaK-. L'origine des hélices α (domaines H et C) ne change rien aux résultats, seule semble compter la présence du sous domaine B de DnaK porteur du site de fixation des protéines substrats.

Le sous domaine β de DnaK exprimé seul, hors du contexte d'une HSP70 entière (pas de fonction ATPase, ni d'hélices C-terminales) , fonctionne vis-à-vis de la restauration de la thermorésistance et de la sensibilité au phage lambda chez la souche BB2404 (dnaK103) comme une DnaK entière. En effet comme illustré à la <u>ligne 6 de la Figure 20</u>, DnaK tronqué de ses domaines N, H et C continu de pouvoir restaurer la croissance à 43°C et celle du phage λ à 30°C . Pour contrôle, il faut noter que les domaines N (ligne5) et HC (ligne 7) de DnaK exprimés indépendamment , ne peuvent pas complémenter la souche BB2404 vis à vis des deux phénotypes, bien que présent dans les cellules à un taux comparable à ceux des protéines tronquées qui restaurent la croissance à 43°C et l'infection lytique par le phage λ (NB; BHC, N'B, BH'C' et B). Les domaines N, HC isolés ou dans le contexte d'une protéine entière semblent ne jouer aucun rôle indispensable à la survie de *E.coli* dans des conditions de hautes températures (43°C) ou dans la réplication du bactériophage lambda. **A l'opposé, le sous domaine B est nécessaire et suffisant à l'accomplissement de la ou des fonction(s) de DnaK) vis-à-vis de ses deux phénotypes.**

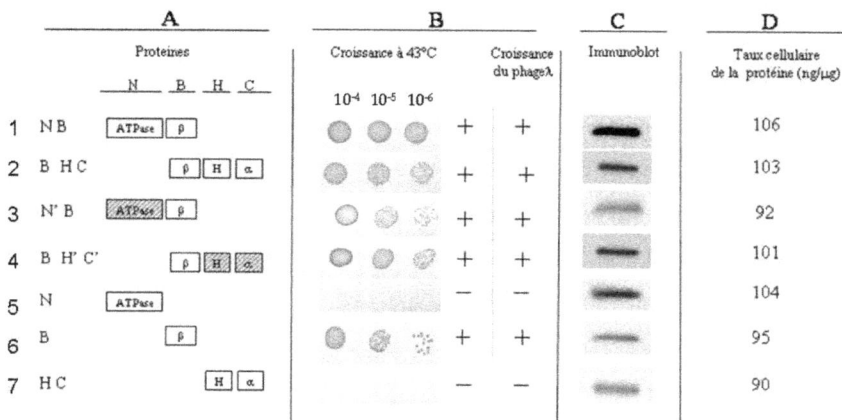

Figure 20: *Complémentation fonctionnelle de la souche BB2404 (dnaK103) par différents mutants de délétion. La souche BB2404 correspond à la souche BB2393 (Suppini et al., 2004) dans laquelle le plasmide pDMI.1 (Kan^r) codant pour le répresseur LacI^q a été inséré. En blanc les domaines d'origine DnaK, en vert les domaines d'origine Hsc70. L'ensemble des procédures utilisées sont décrites dans la partie Matériels et Méthodes et dans la légende de la* Figure 19 *(les plasmides correspondant sont listés dans le* Tableau 3*).*

III.3/ Des mutations ponctuelles dans le domaine β de DnaK affectant la fixation des peptides substrats, entraînent la perte de complémentation.

Dans une étude publiée par Burkholder et collaborateurs (Burkholder et al., 1996) , des mutations ponctuelles au niveau du sous domaine B de DnaK empêchant la fixation des peptides au niveau du Peptide Binding Domain ont pu être isolées. Afin de savoir si la capacité du β de DnaK à permettre la croissance à hautes température de souches *E.coli* DnaK-, et la réplication du phage lambda, était lié à sa capacité à fixer les peptides substrat, nous avons introduit dans DnaK et dans le mutant de délétion B de DnaK (protéine tronquée de ses domaines N H et C) deux de ces mutations préalablement isolées: G400D et L459P. G400 est localisé au niveau du feuillet β le plus haut, entre les deux brins β intérieurs, entouré par les deux brins extérieurs β2 et β5 (voir Figure 16). La mutation G400D pourrait entraîner une interaction défavorable avec les résidus des brins extérieurs. La Leucine 459 est située quand à elle en dessous du site de fixation des peptides dans le brin β5, et entre en contact par des liaisons hydrogènes et hydrophobes avec les résidus qui interagissent avec le peptide substrat fixé. Comme avec les chimères et les mutants de délétion, nous avons testé ces nouveaux mutants DnaK-G400D; DnaK L459P; B G400D et B L459P ; dans des expériences de complémentation fonctionnelle visant à restaurer la thermorésistance et la propagation du phage lambda chez des souches DnaK-.

Comme illustré sur la Figure 21 les mutations G400D et L459P introduite chez DnaK (Lignes 2 et 3) annihile sa capacité à conférer à la souche BB2404 une thermorésistance et une sensibilité à l'infection λ. Les taux cellulaires des protéines DnaK mutantes sont par ailleurs comparables à ceux de la protéine DnaK. De manière similaire, l'introduction d'une ou de l'autre de ces mutations dans le sous domaine B de DnaK (mutant de délétion β) rend le domaine de la protéine inefficace à restaurer la croissance à 43°C et la sensibilité au phage λ à 30°C (Ligne 6 et 7); contrairement au sous domaine Bde DnaK sauvage (ligne

4). Les partie C et D de la <u>Figure 21</u> montrent que les mutants β G400D et β L459P sont exprimés dans les cellules à un taux comparable à DnaK sauvage et au sous domaine B de DnaK. Ces résultats sont plus qu'un simple contrôle négatif de la capacité du domaine β de DnaK à pouvoir seul restaurer la thermotolérance et la réplication du phage lambda. En effet, ils constituent une évidence forte de l'existence d'une relation entre la capacité à fixer les peptides substrat de DnaK et les fonctions impliquées dans la thermorésistance et l'infection λ.

De surcroît, nous avons également testé la capacité du sous domaine β de Hsc70 (B' tronqué de ses domaines N', H' et C') à pouvoir restaurer les deux phénotypes. En effet, compte tenu du haut degrés de similitude entre les deux homologues (DnaK et Hsc70) au niveau de la séquence protéique de leur région B; le sous domaine de Hsc70 se présente comme un mutant «multiponctuel» naturel de celui de DnaK. Contrairement aux mutants β-G400D et β-L459P, le β de Hsc70 possède encore la capacité de fixer les peptides substrats. Cependant, de la même manière qu'une Hsc70 entière le sous domaine B de Hsc70 échoue à restaurer la croissance à hautes températures et l'infection lytique par le phage lambda des souches BB2404 (*dnaK103*) (<u>Figure 21</u>, ligne 5), bien que présent dans la cellule à un taux comparable à celui de DnaK. Ce résultat semble mettre en évidence une relation entre la spécificité de fonction et la spécificité de substrat. De surcroît, il faut noter que les résidus G400 et L459 sont conservés chez Hsc70. Ainsi même si ces résidus sont conservés, Hsc70 reste incapable de complémenter les souches DnaK⁻, soutenant ainsi l'idée d'une relation étroite entre la spécificité fonctionnelle et la spécificité de substrat.

	A	B		C	D
	Protéines	Croissance at 43°C 10^{-4} 10^{-5} 10^{-6}	Croissance du phageλ	Immunoblot	Taux cellulaire de la protéine (ng/µl)
1	DnaK wt [ATPase | β | α]	● ● ● +	+	▬	126
2	DnaK G400D [ATPase | β | α]	—	—	▬	131
3	DnaK L459P [ATPase | β | α]	—	—	▬	109
4	DnaK β [β]	● ● ● +	+	▬	92
5	HSC70 β	—	—	▬	108
6	DnaK β G400D	—	—	▬	112
7	DnaK β L459P	—	—	▬	119

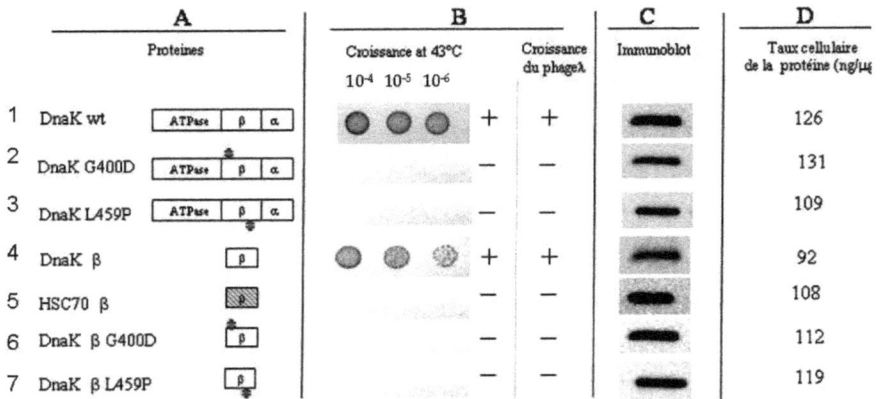

Figure 21: *Complémentation fonctionnelle de la souche BB2404 (dnaK103) par DnaK, le domaine β de DnaK (B), leurs mutants G400D et L459P, et le domaine β de Hsc70(B') . En blanc les domaines d'origine DnaK, en vert les domaines d'origine Hsc70 .Les étoiles rouges représentent les mutations ponctuelles. L'ensemble des procédures utilisées sont décrites dans la partie « Matériels et Méthodes » et dans la légende de la Figure 19 (les plasmides correspondants sont présentés dans le Tableau 4).*

III.5/ Les mutants de Hsc70 dont les résidus en contact avec le peptide substrat ont été substitués un à un par ceux de DnaK, échouent à restaurer la thermotolérance à 43°C et la propagation du phage lambda.

Au vue des précédents résultats, notamment du fait que le site de fixation des peptides de DnaK semblait jouer un rôle crucial dans la spécificité de la protéine à donner à la bactérie une thermotolérance et une sensibilité au phage lambda, nous avons essayé de transformer une Hsc70 sauvage en une DnaK active. Pour ce faire, nous avons choisi quatre résidus en interaction avec le substrat qui diffèrent entre DnaK et Hsc70, et les avons substitués chez Hsc70 par ceux de DnaK. Nous avons donc créé quatre mutants ponctuels de Hsc70 chacun muté dans l'un de ces résidus.

Comme illustré sur la Figure 22, Les mutants Hsc70 dans lesquels l'un des résidus en interaction avec le substrat et différent de celui de DnaK (A406, T429, Y431 et G437) a été transformé par mutagenèse en celui respectif de DnaK (M404, S427, A429 et A435 respectivement) ne peuvent pas complémenter les souches *E.coli dnak103* au niveau de la croissance à 43°C et de la réplication du λ. Figure 22 lignes 2 à 5, contrairement à DnaK (ligne 1). Ces changements sont basés sur les données cristallographiques d'interaction entre le peptide et DnaK, et sur l'alignement des séquences d'Hsc70 et de DnaK suivant leur structure (Zhu et   al., 1996). La présence des protéines à un taux cellulaire comparable a été déterminée par immunoblot quantitatif.

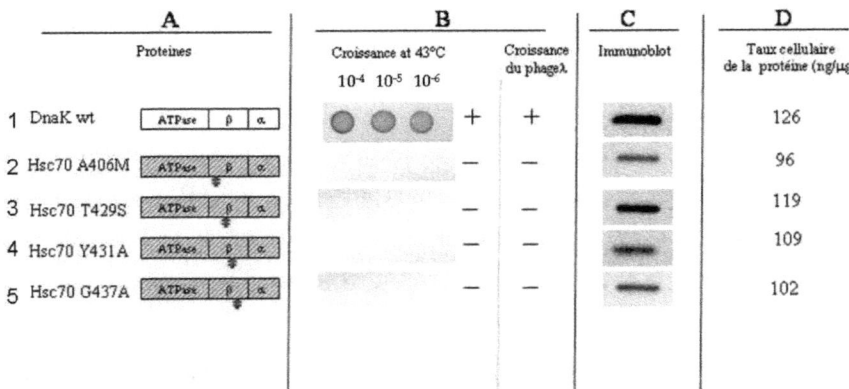

Figure 22 : *Complémentation fonctionnelle de la souche BB2404 (dnaK103) par DnaK, et les mutants ponctuels A406M T429S, Y431A et G437A de Hsc70. En blanc les domaines d'origine DnaK, en vert les domaines d'origine Hsc70 .Les étoiles rouges représentent les mutations ponctuelles (résidus en interaction avec le peptide substrat et qui diffèrent entre Hsc70 et DnaK). L'ensemble des procédures utilisées sont décrites dans la partie « Matériels et Méthodes » et dans la légende de la* *Figure 19* *(les plasmides correspondant sont listés dans le* *Tableau 4).*

IV/DISCUSSION

Dans notre précédente étude (Suppini et al., 2004), nous avons montré que Hsc70 de rat, l'homologue de DnaK, ne pouvait pas se substituer à ce dernier vis-à-vis de ses fonctions assurant à des bactéries *E.coli* une thermorésistance et une sensibilité au phage lambda. Grâce à des protéines chimères constituées de toutes les combinaisons possibles entre les trois domaines respectifs de Hsc70 et de DnaK (domaine N-terminal ATPase, Peptide Biding Domain, domaine C-terminal), nous avons pu démontrer que seul le domaine PBD de DnaK portait la spécificité de fonction de la protéine : puisqu'une Hsc70 dans laquelle le PBD avait été remplacé par celui de DnaK pouvait restaurer la croissance à 43 °C et l'infection lytique par lambda chez des souches de *E.coli* DnaK-. Compte tenu de la grande conservation des résidus entre le PBD de Hsc70 et celui de DnaK, deux hypothèses, concernant les régions du PBD de DnaK impliquées dans sa spécificité, émergeaient.

La spécificité pourrait, tout d'abord, être portée par le site de fixation des peptides substrats localisés dans le sous domaine β ; illustrant ainsi une possible relation entre la spécificité de complémentation du PBD de DnaK et la spécificité de fixation de certaines protéines cibles.

Alternativement, la spécificité du PBD pourrait être portée par les hélices $\alpha1$ et $\alpha2$, formant un couvercle au-dessus du site de fixation des substrats. En effet, il existe au niveau de ces deux hélices de grandes zones de variabilité de séquence entre les deux homologues. Dans cette hypothèse, la spécificité de complémentation pourrait être reliée à une spécificité à fixer via les hélices d'autres protéines telles que les co-chaperons.

Afin de pouvoir trancher entre les deux hypothèses, nous avons construit de nouvelles chimères en échangeant le sous domaine B (région β) ou le sous domaine H (hélice $\alpha1$ et hélice $\alpha2$) entre Hsc70 et DnaK.

Les résultats des tests de complémentation fonctionnelle (croissance à 43°C et multiplication du lambda chez BB2404) avec les quatre nouvelles protéines chimères ont clairement montré que la spécificité du PBD de DnaK était portée par le sous domaine B uniquement. En effet, une Hsc70 dans laquelle le domaine β a été échangé par celui de DnaK (N'BH'C') peut restaurer la thermorésistance et la sensibilité au lambda au même titre qu'une DnaK sauvage. Le sous domaine H, contenant les hélices α1 et α2, ne possède quand à lui, aucune spécificité puisqu'une Hsc70 dans laquelle il a été remplacé par celui de DnaK (N'B'HC') ne peut complémenter les deux phénotypes précédemment cités des souches DnaK-. Compte tenu de l'ensemble des résultats, le sous domaine B, contenant le site de fixation des peptides, se présente comme porteur des fonctions essentielles de DnaK (à hautes températures et dans la réplication du phage lambda).

Suite à ces résultats, nous nous sommes intéressés de savoir si la présence des domaines N-terminal, H et C-terminal étaient indispensables au Bde DnaK pour qu'ils puissent accomplir ses fonctions essentielles. Nous avons donc construit des mutants de délétion de DnaK ou de la protéine chimère N'BH'C'. Les résultats des expériences de complémentation sont surprenants. D'une part, les hélices α C-terminales (domaines H et C) peuvent être tronquées sans modifier la capacité des protéines mutantes à restaurer la croissance à 43°C et la réplication lambda. Ces hélices sont connues pour être impliquées dans la régulation de DnaK (interactions avec σ32) (Mogk et al., 1999), dans l'accessibilité du site de fixation des substrats (position ouverte ou fermée)(Zhu et al.,1996) et dans des interactions protéines/protéines (Bukau et al.,2000). Il semblerait donc que l'absence des hélices et donc de leurs fonctions associées, n'ait pas d'incidence sur la capacité de la protéine à restaurer la croissance à haute température et la sensibilité au λ.

D'autre part et de manière surprenante, la délétion du domaine N-terminal ATPase de la protéine n'affecte pas la capacité des protéines tronquées (BHC, BH'C') à complémenter les deux phénotypes. **De surcroît, le sous domaine B**

de DnaK exprimé séparément parvient seul à rétablir la croissance à haute température et l'infection lytique par le bactériophage lambda.

Il semblerait donc que la fixation et l'hydrolyse de l'ATP (via le domaine N-terminal) ne soient pas nécessaires aux fonctions essentielles de DnaK à hautes températures ainsi qu'à celles impliquées dans la réplication du phage λ. Ces résultats vont dans le sens contraire de l'idée communément admise que la fixation et l'hydrolyse de l'ATP modulent les interactions entre les Hsp70 et leurs protéines cibles (polypeptides naissants, protéines dénaturées) (Pelham et al., 1986 ; Beckmann et al., 1990). La fixation de l'ATP aux Hsc70 est supposée affecter leurs interactions avec les protéines cellulaires afin de prévenir leur agrégation. L'hydrolyse de l'ATP est présumée responsable de la dissociation des Hsp70 avec leurs substrats et donc d'instituer un turn-over, c'est-à-dire, des cycles successifs de fixation/libération du substrat dont le rôle serait de faciliter la dissociation des agrégats protéiques déjà formés (Pelham et al, 1986). Les résultats présentés dans ce travail suggèrent a contrario que la fixation et/ou l'hydrolyse de l'ATP n'est pas indispensable au bon fonctionnement de DnaK dans son rôle essentiel à haute température tout comme dans celui impliqué dans la réplication du phage lambda à 30°C. Il faut cependant noter que des résultats concordants avaient mis en évidence qu'une Hsp70 humaine tronquée des codons 120 à 428 (situés dans le domaine N-terminal) était toujours active pour la protection cellulaire lors d'un stress thermique (Li et al., 1992). Les auteurs concluaient qu'à leur surprise la présence du domaine N-terminal de Hsp70 ne semblait pas nécessaire à la fonction de protection thermique de la protéine. Il est en effet possible que les Hsp70 ne possédant pas de domaine N-terminal ATPase puissent toujours fixer les protéines cellulaires et prévenir l'agrégation protéique à hautes températures. Leur fonction essentielle à hautes températures pourrait donc être une fonction de protection et de prévention de l'agrégation par fixation sur les zones hydrophobes des protéines cibles exposées lors de l'augmentation de température. Cette fonction serait alors, au vu de nos résultats, ATP indépendante. La fixation et l'hydrolyse de l'ATP pourraient intervenir lors d'un retour à des conditions de température normale afin de faciliter la dissociation des Hsp70 et de leurs substrats ou d'aider à la resolubilisation des agrégats.

Une autre implication possible de ces résultats se situe au niveau du rôle des co-chaperons dans la thermorésistance et la réplication du phage lambda. En effet, chez *E.coli*, DnaJ et GrpE sont essentielles à la survie de la bactérie à hautes températures. La délétion de *dnaJ* entraîne une thermosensibilité comparable à celle obtenue lors de la délétion de *dnaK*. Dnaj semble donc, au même titre de DnaK, indispensable à la survie de la bactérie en condition de stress thermique. D'autre part, DnaJ est connue pour son action de présentation du substrat à DnaK et sa capacité à stimuler l'hydrolyse de l'ATP de DnaK via sa fixation au domaine N-terminal ATPase. Il faut noter que DnaJ se fixe au domaine N-terminal de DnaK mais également à celui d'autres Hsp70 comme Hsc70. Le fait que le domaine B de DnaK puisse seul restaurer la croissance à 43°C nous conduit à nous interroger sur le rôle réel de DnaJ. L'absence du domaine N-terminal de DnaK et donc du site de fixation de DnaJ semble démontrer que l'action de DnaJ à haute température pourrait soit être indépendante d'une fixation sur DnaK soit être dépendante d'une fixation via le sous domaine B de DnaK. La fonction de stimulation de l'hydrolyse de l'ATP de DnaJ ne serait pas utile à haute température puisqu'une DnaK tronquée de son domaine ATPase, est toujours active à haute température. La fonction essentielle de DnaJ en cas d'élévation des températures serait donc différente d'une stimulation ATPasique.

GrpE, quant à elle, est une protéine indispensable à la survie de la bactérie à toutes les températures puisque sa délétion entraîne la mort cellulaire (Spence et al. 1990). Il faut noter que dans la souche utilisée dans nos expériences (BB2404 CG800 *dnaK103*), la délétion de *grpE* n'entraîne pas la mort cellulaire mais une thermosensibilité. Ceci est dû probablement à la présence de mutations extragéniques (Spence et al.1990). Il est connu que GrpE se fixe au domaine N-terminal de DnaK mais pas à celui de Hsc70, car cette dernière ne possède pas les régions nécessaires à sa fixation (Brehmer et al., 2001). Au vu de nos résultats indiquant que le domaine N-terminal de DnaK n'est pas nécessaire à la thermorésistance et à la propagation du phage λ, GrpE agirait à haute température indépendamment de toute fixation à DnaK, ou se fixerait au sous domaine B. Comme nous l'avons vu dans l'introduction, cette dernière hypothèse peut être pertinente compte tenu du fait que dans le cristal, la longue queue en hélices α de GrpE se trouve en position d'interagir avec le PBD de DnaK (Harrisson et al., 1997).

Sachant que le domaine B de DnaK produit séparément peut assurer les fonctions cellulaires indispensables à la survie à hautes températures, et que la fonction supposée de GrpE est la stimulation de l'échange ADP/ATP de DnaK, on peut émettre l'hypothèse que GrpE possède, tout du moins à hautes températures, une fonction différente qui serait essentielle à la survie de la bactérie dans de telles condition. Le gène *grpE* étant un gène essentiel contrairement à *dnaK* et à *dnaJ* , il est envisageable de supposer que celui-ci possède un rôle supplémentaire à son action au sein du complexe DnaK-DnaJ-GrpE.

Afin de vérifier si les fonctions du domaine B de DnaK sont portées par sa capacité à fixer les peptides substrats, nous avons construit des mutants ponctuels de DnaK et du β de DnaK altérés au niveau du site de fixation des substrats (G400P, L459P). Le résultat des expériences de complémentation fonctionnelle montre clairement que lorsque l'on altère la capacité du β à fixer les peptides, celui-ci perd également sa capacité à complémenter des souches *E.coli* DnaK-. De plus, nous avons également utilisé le β de Hsc70 seul dans des expériences de complémentation similaire. En effet, compte tenu du haut degré de conservation des résidus entre les β de Hsc70 et de DnaK, le sous domaine de Hsc70 peut être considéré comme un mutant naturel de celui de DnaK. Les résultats montrent que comme une Hsc70 entière, le domaine B' seul de Hsc70 ne peut pas restaurer la croissance à hautes températures et la multiplication du phage lambda chez les souches DnaK⁻. La spécificité de substrat entre Hsc70 et DnaK étant légèrement différente, on peut alors imaginer que la spécificité fonctionnelle de DnaK soit due à sa capacité à fixer certains substrats particuliers. Dans tous les cas de figure, peu de changement devrait être nécessaire pour transformer une Hsc70 en une DnaK fonctionnelle à hautes températures et dans la réplication du lambda. Quatre résidus particuliers chez DnaK, M405, S427, A429 et A435, en interaction avec les peptides substrats diffèrent entre DnaK et Hsc70. Il était donc possible, qu'en mutant l'un ou l'autre de ces résidus, l'on parvienne à transformer une Hsc70 en une DnaK active. Nous avons donc construit quatre mutants de Hsc70 (A407M T429S, Y431A et G437A) chacun ayant l'un de ces résidus transformé en son équivalent chez DnaK. Cependant, aucun de ces mutants n'est parvenu à restaurer la croissance à 43°C ou la sensibilité au phage lambda. Pour expliquer ces résultats, on pourrait émettre deux hypothèses.

Tout d'abord, que seule une combinaison de ses différentes mutations permettrait de convertir Hsc70 en DnaK. Une seconde possibilité serait que l'effet des mutations chez Hsc70 soit masqué par une déstabilisation de son site de fixation, du à l'insertion des mutations entraînant la perte des fonctions introduites. En effet, des interactions défavorables entre les résidus mutés et les résidus non mutés voisins pourraient empêcher une conformation correcte du site et donc masquer l'effet des mutations.

Les résultats présentés dans le Chapitre 2 feront l'objet d'un manuscrit dont le titre est :

Article 2 :

The β subdomain of DnaK is sufficient to ensure thermoresistance and λ phage growth in E.coli dnaK103

Article en préparation

CHAPITRE 3

Rôles des hélices C-terminales et de la région de connexion des domaines dans l'oligomérisation de la protéine Hsc70

Chapitre 3

Rôles des hélices C-terminales et de la région de connexion des domaines dans l'oligomérisation de la protéine Hsc70

I/ Présentation du sujet et résultats

Parallèlement, aux études de complémentation fonctionnelle chez *E.coli* , visant à préciser, *in vivo*, la nature des relations structure fonctions des Hsp70, grâce à toute une panoplie de mutants de DnaK et de Hsc70 (chimères Hsc70/DnaK, mutants de délétion ou ponctuels); nous avons étudié *in vitro* les propriétés biophysiques et biochimiques de différents mutants de délétion de Hsc70 dans le but de déterminer le rôle de l'oligomérisation de la protéine dans sa fonction cellulaire par comparaison avec les résultats des expériences menées *in vivo* sur DnaK.

En effet, des travaux menés dans notre laboratoire ont montré que Hsc70 et les HSP70 en général, étaient capable de s'oligomériser, sans que l'on connaisse la fonction biologique d'une telle association. Une première étape a consisté à caractériser ces mutants *in vitro*, et dans un second temps de les étudier en terme de complémentation fonctionnelle comme précédemment.

Sur la base de prédictions structurales et de la connaissance de la structure tridimensionnelle de la protéine, nous avons construit et purifié une série de mutants de délétion altérés dans les interfaces potentiellement responsables de l'oligomérisation (notamment dans le domaine C-terminal) puis testé leur capacité à s'associer par des approches biochimiques et biophysiques : chromatographie d'exclusion et ultracentrifugation analytique.

L'ensemble des résultats de l'étude structurale de Hsc70 et de ses différents mutants permet de conclure que les propriétés d'oligomérisation de cette protéine sont contrôlées par les hélices C-terminales et par la région de connexion des domaines (résidus L391-L394). En effet, la délétion d'une ou de l'ensemble des hélices C-terminales (résidus 562 à 646) ou de la région de connexion (L391-L394) entraîne la stabilisation de la forme monomérique de la protéine. L'analyse des données cristallographiques montre que ces deux régions sont impliquées dans des interfaces de dimérisation et de tétramérisation de la protéine. De plus, ces deux régions présentées ici comme responsables de l'oligomérisation de la protéine sont celles qui montrent la plus grande flexibilité dans le cristal, adoptant différentes conformations suivant la cinétique du nucléotide et le cycle de fixation et de libération du peptide substrat, suggérant par ce fait une possible relation entre l'oligomérisation et la fonction de chaperon moléculaire.

II/ Article 3 :

Involvement of the interdomain hydrophobic linker and the C-terminal helices in self association of the molecular chaperone Hsc70

Article soumis pour publication

INVOLVMENT OF THE INTERDOMAIN HYDROPHOBIC LINKER AND THE C-TERMINAL HELICES IN SELF-ASSOCIATION OF THE MOLECULAR CHAPERONE HSC70

Mouna AMOR, Jean-Philippe SUPPINI, Benoît FOUCHAQ, Nadia BENAROUDJ, Nathalie GOMEZ-VRIELYNCK, Pascale BARBIER[§], Francis RODIER[+], Vincent PEYROT[§] and Moncef M. LADJIMI

From the Laboratory of Biochemistry, CNRS - University P. & M. Curie, 96 Bd Raspail, 75006 Paris, [§] FRE-CNRS 2737 Faculté de Pharmacie 27 Bd Jean Moulin 13385 Marseille Cedex 5, [+] LEBS, CNRS Gif-sur-Yvette, France.

RUNNING TITLE: Structural basis of HSC70 self-association

ABBREVIATIONS:
HSP70: 70 kDa Heat Shock Protein, HSC70: 70 kDa Heat Shock Cognate,

KEYWORDS:
HSP70, HSC70, Chaperones, Self-association, Protein-Protein interfaces

Address correspondence to: Moncef Ladjimi, Tel. 33 1 53 63 40 90; Fax. 33 1 42 22 13 98; E-mail: ladjimi@ccr.jussieu.fr

1

110

ABSTRACT

Members of the 70 kDa Heat Shock Protein family (HSP70's) from bacteria to man are known to self-associate to form multiple species going from dimers to high-order oligomers. In order to determine the structural basis of HSP70 self-association, several deletion mutants in the C-terminal domain of HSC70, a constitutive member of the HSP70 family, have been constructed and analyzed for their self-association properties by size-exclusion chromatography and analytical ultracentrifugation.

The results of this investigation indicate that, whereas deletions of the GGMP rich, highly conserved EEVD containing, 30 residues C-terminal extremity of HSC70 shifts the equilibrium towards the oligomeric species, deletions of either the C-terminal helices (residues 562-646) or the L391-L394 inter-domain hydrophobic linker leads to the stabilization of the monomeric form. Analysis of the crystallographic data indicates that the C-terminal α-helices and L-391-394 are involved in a dimeric and tetrameric interface respectively that buries more than 2000 Å^2 for the former and about 4000 Å^2 for the later. Moreover, the sites shown here to be responsible for self-association are precisely those that show the highest mobility in the crystals and that adopt different conformations with respect to the kinetics of nucleotide and peptide binding and release, thus suggesting that oligomerization may be related to function.

2

111

INTRODUCTION

Heat Shock Proteins (HSPs) are ubiquitous proteins, present in all organisms and cell compartments, that play an important role in thermotolerance, protein folding, protein assembly and disassembly, protein transport and signal transduction (for reviews see (1-3)). The constitutively expressed 70 kDa Heat Shock Cognate protein (HSC70), a member of the highly conserved 70 kDa Heat Shock Protein family (HSP70) binds peptides and unfolded proteins (4, 5), has a very weak ATPase activity that can be stimulated several fold upon binding of peptides (6), unfolded proteins (7), or cochaperones of the DnaJ family (8), and shows refolding activity in the presence of DnaJ (9, 10). HSC70 seems to function through cycles of binding and release of polypeptide substrates coupled to binding and hydrolysis of ATP (11), in a mechanism involving cochaperones of the DnaJ protein family and other factors, such as Hip (12, 13) and BAG-1 (14).

HSC70 is composed of an N-terminal ATPase domain (residues 1 to 384) (15) and a C-terminal domain (residues 385 to 646) that can be divided into a peptide binding subdomain (residues 385 to 540) and a C-terminal subdomain (residues 540 to 646) (16, 17). The three-dimensional structures of the isolated N-terminal ATPase domain of HSC70 (18) and the C-terminal domain of the bacterial HSP70, DnaK, complexed with peptide (17) have been solved by crystallography. However, structural information for the entire protein is still missing.

Proteins of the HSP70 family from bacteria to man oligomerize into several species in vitro (19-21) and in vivo (22, 23), and even though the role of self-association has not yet been established, mounting evidence suggests the existence of a relationship between oligomerization and chaperone activity. Indeed, like chaperone activity, oligomerization of the HSP70's is regulated by ATP binding, cochaperones and peptides (24, 25), and the C-terminal domain of the protein, which is necessary for the chaperone activity since it holds the peptide binding site, has also been implicated in oligomerization (26, 27).

Therefore, the quaternary structure of the HSP70's and the structural basis of its formation need to be elucidated for a better understanding of the biological function of these proteins. To this end, we have investigated in the present work the structural basis of self-association of rat HSC70 through the physico-chemical and structural characterization of several deletion mutant of the protein.

3

Materials

Membranes for ultrafiltration were provided by Amicon and nickel-agarose by Quiagen. ATP and ATP-agarose were from Sigma while other liquid chromatography materials, FPLC products and columns were from Pharmacia Amersham Biotech. Electrophoresis supply was from Bio-Rad and all other chemicals were from Merck or Sigma. Restriction endonucleases and T4 DNA ligase were from New England Biolabs, pET vectors from Novagen and DNA oligonucleotide synthesis as well as DNA sequencing were realized by MWG-Biotech

Construction of the N and C deletion mutant proteins

N-mutants are the proteins that are made of the N and C-terminal domains of the HSC70 and bearing either deletions of increasing length at their C-terminal terminal end or a deletion of leucine 391 to leucine 394. By contrast, C-mutants are those mutants in which the entire N-terminal domain has been deleted and that correspond therefore only to C-terminal domain of HSC70 bearing the same mutations as in the N-mutants, that is either deletions of increasing length at their C-terminal terminal end or a deletion of leucine 391 to leucine 394 (see also figure 3). Named relative to their theoretical molecular mass, they have been constructed using the pFB7 expression vector as described previously (26-28). Briefly, an SpeI restriction site leading to a stop codon in the HSC70 coding sequence have been introduced using a 19-mer oligonucleotide by site directed mutagenesis in pFB7 at DNA positions corresponding to residue 617, 586, and 562 for the construction of the C-terminal deletion mutants N68, N64, and N60 respectively. For the construction of HSC70ΔL, deletion of leucine 391 to leucine 394 has been obtained similarly using a 32-mer oligonucleotide targeting a DNA region corresponding to the interdomain linker.

For the construction of the C-terminal domain mutants, an NdeI restriction site has been introduced in each of the pFB7 derivative plasmid described above, thus replacing codon 384 of HSC70 by a start codon. The NdeI-BamHI fragments from each of these plasmids with speI stop codons at the positions given above, were subcloned into pET14 vector, thus resulting in the C24, C22 and C20 mutant proteins fused to a hexahistidine tag at their N-terminus. The same procedure was followed for the construction of the C30ΔL except that the NdeI site was introduced in a DNA position corresponding to residue leucine 394. The integrity of all constructions was verified by automatic nucleotide sequencing (MWG-Biotech).

Expression and purification of mutant proteins

N-mutants were purified as previously described for HSC70 (26-28), except that a Superdex 200 Hiload 16/60 column instead of a G25 short column has been used to remove ATP. C-mutants

4

were expressed from a pET vector encoding a protein fused to NH2-terminal poly-histidine tag. Purification of the proteins was performed as described previously for C30 (26-28). BL21 pLysS E.Coli cells bearing plasmid were incubated overnight in 50 ml of LB medium containing 200 µg/ml ampicillin at 37 °C. After dilution in same fresh medium and growth to an OD_{600} of 0.6, expression of protein was induced by the addition of 0.5 mM of IPTG for 3 h at 37°C. Cells were recovered after centrifugation at 10 000 g for 20 min at 4 °C and resuspended in binding buffer (300 mM NaCl ; 50 mM Tris HCl pH8 ; 10 mM imidazol) supplemented with 1 mM PMSF. After sonication, the soluble fraction was cleared by centrifugation at 20 000 g for 20 min at 4 °C and loaded onto a 10 ml Ni^{2+} agarose column pre-equilibrated with Binding Buffer. The column was washed with 3 volumes of binding buffer at flow rate of 0.2 ml/min, followed by 3 volumes of washing buffer (300 mM NaCl ; 50 mM Tris HCl pH8 ; 20 mM Imidazol). The His-Tag protein was then eluted by a step with 3 volumes of elution buffer (300 mM NaCl ; 50 mM Tris HCl pH8 ; 250 mM Imidazol), and fractions of 2 ml were collected. The fractions containing His-Tag protein were pooled and diluted 2 times for thrombin digestion. Any un-cleaved His-Tag protein was removed by resubmitting the whole sample on the Ni^{2+} agarose column rigorously washed. After elution, the buffer was exchanged and the protein was concentrated by successive cycles of ultra-filtration. Purified proteins were stored at - 80°C in buffer supplemented with 10 % Glycerol.

The protein concentration was determined by the Lowry method using Bovine Serum Albumin as standard, and all protein concentrations given in the tables and figures are based on the molecular mass of the monomer.

Electrophoresis

Polyacrylamide gel electrophoresis (PAGE) under denaturing conditions (SDS) was carried out in 0,75 mm thick 12 % and 15 % acrylamide slab gels. Gels were run using the Mini-Protean II apparatus and molecular weight standards from Bio-rad.

Size-exclusion chromatography

FPLC chromatography was carried out at 20 °C on a Superdex 200 (HR 10/30) column equilibrated with 20 mM Tris HCl pH 7.5, 100 mM KCl, 3 mM MgCl2, 1 mM EDTA pH 8, 1 mM β-mercaptoethanol. Elution was performed using the same buffer and fractions of 0.5 ml were collected at a flow of 0.5 ml/min. Absorbance was measured at 280 nm. Column was calibrated with high and low molecular weight calibration kit from Pharmacia. Peak volumes were standardized to a Kav= Ve-Vo/Vt-Vo, where Ve is the elution volume taken at the center of a protein peak, Vo is the void volume (determined by elution of blue dextran), and Vt, is the total elution volume (determined by elution of mercaptoethanol).

5

114

Chromatography in the presence of ATP was performed with the same buffer supplemented with 150 mM ATP (see figure legends). Chromatography in the presence of peptide FYQLALT (27, 29) was performed after incubation of the protein with the peptide for 2 hours in the buffer described above (see also figure legends). Proteins were centrifuged 30 minutes at 4 °C and 10 000 rpm before application to the column.

For association/dissociation kinetic experiments of HSC70 and its C-terminal domain C30, the proteins were incubated for 24 hours at 20 °C before separation by size exclusion chromatography at the same temperature. Typical chromatograms are presented in figure 1. Each of the peaks obtained was then incubated at 20° C. and samples were taken at different times and submitted to chromatography. Amounts of the respective species were estimated from the area of the peak relative to that of the whole.

Analytical ultracentrifugation

Sedimentation velocity experiments were carried out at 55 000 rpm and 20 °C in the same XL-A instrument, using 12 mm aluminum double sector centerpieces. The sedimentation coefficient distributions of HSC70 and C30 were calculated by C(s) method by direct modeling with distributions of Lamm equation solutions using SEDFIT program (30) with f/f_0 fixed to 1.28 and 1.2 respectively, the mean friction coefficient ratio f/f_0 of the monomer, dimer and trimer as previously determined by Benaroudj et al (26). The molecular mass of the different proteins was estimated by combining the experimental Stokes Radius and sedimentation coefficient values using a modified Svedberg equation as described previously (13).

Sedimentation equilibrium expe-riments were performed with a Beckman Optima-XL-A analytical ultra-centrifuge equipped with absorbance optics, using an AN55Ti rotor. Measurements were done at three successive speeds by taking scans at the appropriate wavelength (230 and 235 nm) when sedimentation equilibrium was reached. The equilibrium temperature was 4 °C. High-speed sedimentation was conducted afterwards for baseline correction. Average molecular masses were determined by fitting a sedimentation equilibrium model for a single solute to individual data sets with EQASSOC programs, supplied by Beckman (31). Data analysis was also performed by global analysis of several data sets obtained at different loading concentrations and speeds using WINNONLIN program (32).

For HSC70 (N70) and its C-terminal domain C30, monomer and the different oligomers of each protein were separated by size exclusion chromatography using Superdex 200 column, before the sedimentation equilibrium experiments (see figure legends). The partial specific volume of HSC70 and C30, were 0.7273 and 0.7263 ml/g respectively at 4 °C, calculated from the amino acid composition by SEDNTERP program (33). The solvent density (1.0057 g/cm3) and the viscosity (0.01567 poise) at 4 °C were calculated with the same program.

6

Crystal packing analysis :

The files of atomic co-ordinates of DnaK proteins (pdb entries 1dkx and 1dky) were downloaded from the Protein Data Bank (34) at Infobiogen (Villejuif, France ; http://www.infobiogen.fr). Because the information contained in the files of proteins atomic co-ordinates doesn't always allow the generation of the oligomeric structure, it is necessary to compute the crystal packing for identifying the putative biological interfaces. The search for dimeric associations of DnaK (entry 1dky) was performed in two steps. First the crystal packing of the protein was computed using CRISPACK program (35, 36). In a second step the surface area buried between symmetry-related proteins was computed on the basis of the Lee-Richards algorithm (37) using a probe of 1.4 Å radius. The two chains A and B in the asymmetric unit of 1dky are related by a pseudo-two fold rotation axis (superposition angle $\theta = 179.83°$, RMSD = 0.207 Å). From this dimer, a crystalline tetramer ABEF can be built using the two-fold rotation of space group P 21 21 2 : -X,+Y,+Z ; X,-Y,+Z ; X,Y,Z ; and cell translations 96,4, 117,0 and 0.0. Chains E and F are the symmetrical of A and B respectively (see figure 8). The solvation free energy of the associations was computed using the atomic parameters published by Eisenberg and McLachlan (38).

7

116

Self-association properties of HSC70 and its C-terminal domain:

Self-association properties of HSC70 and its C-terminal domain have been analyzed by size-exclusion chromatography and analytical ultracentrifugation. As shown in Figure 1, full-length HSC70 or its C-terminal domain, both elute after chromatography in three peaks and a shoulder indicating the presence of at least three species with defined Stokes radii and molecular masses. Similar results are obtained by sedimentation velocity, and at least three sedimentation coefficients could be determined for each protein. Stokes radii and sedimentation coefficients of the different species are shown in Table 1. The combination of the Stokes radius and sedimentation coefficient using a modified Svedberg equation gives an estimate of the molecular mass of the three peaks suggesting that they correspond to monomers, dimers and trimers, whether in the case of full length protein or its C-terminal domain. This estimation is confirmed by sedimentation equilibrium analysis of the isolated peaks contents. As shown in Table 1, these peaks correspond to the monomer, dimer and trimer. Even though the nature of the shoulder could not be directly determined for the full-length protein, due to limiting amounts of material, it could be inferred from that of the isolated C-terminal domain which corresponds to a tetramer.

The molecular species of HSC70 or its C-terminal domain do not represent a mere mixture but are rather in a slow equilibrium as indicated by the kinetics of association-dissociation of the different species. As shown in figure 2, monomers and dimers are formed at the expense of the oligomer (trimer) with a half-time of about 120 minutes (figure 2, top). Likewise, the isolated dimer dissociates into monomers with a similar half-time (figure 2, middle) even though it is unable to give trimers due to limiting concentrations. Finally, the monomer appears to be fairly stable at these concentrations and associates only slightly to give dimeric species figure 2, bottom). Although the same dissociation trends are observed for the full length protein and its C-terminal domain (compare right and left panels), oligomeric species appear to be more stable in the case of the C-terminal domain than in that of the full length protein

Altogether these results are in agreement with previous studies (*19, 24, 26, 27*) and indicate that HSC70 exists as a slow equilibrium between monomers, dimers, trimers and tetramers and that this behavior is due to the C-terminal domain of the protein.

Construction and purification of HSC70 mutant versions:

In order to determine the structural basis of HSC70 self-association, several deletion mutants have been prepared. Since the C-terminal domain appeared to be responsible for the properties of the entire protein, deletions were targeted to this domain and specifically to its N- and C-terminal ends.

8

The rationale for this approach is based on crystallographic (*17, 18*) and NMR data (39) as well as biochemical studies, (*16, 40*) indicating that the β-sandwich and the α-A and α-B helices of the C-terminal domain (residues 395-561) form a compact sub-domain, leaving on both sides of this fold the α-CDE helices up to the C-terminal end (residues 562 to C-terminus) and the N-terminal stretch (residues 385-395) involving the conserved leucine residues, that correspond in fact to the interdomain linker (see figure 3).

Thus, and in order to keep intact the fold of this compact subdomain, only the regions including the EEVD containing, GGMP end (mutant N68), helices α-D and α-E (mutant N-64), helix α-C (mutant N60) on the C-terminal extremity, and of the four N-terminal leucines (mutant N70ΔL) on the N-terminal extremity, have been successively deleted. In addition, for each of these mutants, a corresponding mutant of the isolated C-terminal domain has been prepared as a control and includes the C24, C22, C20 and C30ΔL respectively. All these mutants have been expressed in and purified from E. coli to near homogeneity (see figure 4).

Structural characterization of HSC70 mutant versions:

The mutant proteins have been analyzed for their self-association properties by size exclusion chromatography and analytical ultracentrifugation. As shown in figure 5 (left), a mutant version of HSC70 consisting of 616 residues (N68 mutant), in which the GGMP rich, C-terminal extremity containing the highly conserved EEVD motif, has been deleted, elutes as a distribution of high molecular weight species, and is no longer able to form monomers. However, all the other HSC70 mutants having a deletion of either the α–DE C-terminal helices (mutant N-64), the α–C helix (mutant N60), or leucines 391-394 of the interdomain linker (mutant N70ΔL) elute in almost single peaks corresponding to the monomer molecular mass.

Nearly identical results are obtained using the C-terminal domain (figure 5, right), and while C24, the C-terminal domain derivative of N68 elutes as high molecular species and do not form monomers, C22, C20 and C30ΔL elute essentially as monomers just like their N64, N60 and N70ΔL counterparts. These results are confirmed by analytical ultracentrifugation (Table 3) indicating that, except N68 and its C-terminal domain C24 which sediment like HSC70 in several species having high molecular masses, N64, N60, N70ΔL, and their C-terminal domains, C24, C22, C20 and C30ΔL, are all stabilized into monomers and give molecular masses very close to the mass determined from their amino-acid sequence (Table II).

Thus, it appears that whereas deletion of the GGMP rich, EEVD C-terminal extremity does not affect the self-association properties of HSC70, deletion of either the α–CDE helices or the four leucine residues of the interdomain linker, located on the C-terminal and N-terminal ends of the compactly folded β-sandwich, α–AB subdomain, is sufficient for monomer stabilization.

9

Effect of ATP on self-association of HSC70 mutant versions:

It has been shown previously that ATP binding to the N-terminal domain promotes the dissociation of HSC70 oligomers into monomers (26). As shown in figure 6, HSC70 (N70) elutes essentially as a monomer following size exclusion chromatography in the presence of ATP, suggesting that conformational change induced by ATP disrupts the self-association interface in the oligomers. A comparable result is obtained with the N68 mutant that is still dissociated by ATP into monomers even though strongly shifted towards the high oligomeric species in absence of nucleotides, with formation of aggregates eluting with the void volume of the column. This indicates that self-association of N68 is, like that of HSC70, reversed by ATP and is therefore the result of specific interactions of the same nature than those found in HSC70.

By contrast, the presence of ATP appears to have almost no effect on the essentially monomeric N64, N60 and N70ΔL mutants that lack either the α−CDE helices or the leucines 391-394 of the interdomain linker. These results suggest that the α−CDE helices as well as leucines 391-394 of the interdomain linker are involved in the ATP-induced conformational change necessary for the dissociation of the HSC70 oligomers.

Effect of peptide binding on self-association of HSC70 mutant versions:

Binding of peptides or permanently unfolded proteins to HSC70 or its C-terminal domain has also been shown to promote the dissociation of oligomers into monomers, suggesting that the oligomerization interface is also disrupted upon peptide binding (24, 27). As shown in Figure 7 (left), HSC70 (N70) oligomers are dissociated, although not completely, in the presence of a seven residues peptide (FYQLALT) known to bind to HSC70 with high affinity (27, 29). The same result is obtained with the mutant N68, in which almost all the high molecular species are efficiently dissociated into monomers in the presence of peptide, suggesting that peptide induced conformational changes leading to the stabilization of monomers are still operational even though the C-terminal, EEVD containing, extremity of the protein is lacking.

This is confirmed by the analysis of the C-terminal domain of the N68 mutant protein, C24. As shown in Figure 7 (right), the high molecular weight species of this mutant are dissociated in more discrete oligomeric species and particularly the monomeric species. Incomplete dissociation in this case is probably due to the fact that the oligomeric species of the isolated C-terminal domain (C30) are more stable than those made by the full-length protein (compare N70 and C30 in Figure 7, and left and right panels in figure 2). Nevertheless the tendency towards dissociation in the presence of peptide is clear for the C24 protein. However no significant effect of peptide binding is observed for the other C-terminal mutant versions, C22, C20, C30ΔL and their full-length counterparts, N64, N60 and N70ΔL since they are already stabilized in the monomeric form.

10

Dimeric and tetrameric associations in the crystal of DnaK.

The results presented above obtained in solution are corroborated by crystallographic data. Indeed, a dimer is already present in the asymmetric unit of DnaK structure (pdb entry: 1dky) and a tetrameric association can be constructed from the crystal packing (see figure 8). This tetrameric association creates two new types of contacts: 2-fold symmetry related contacts and cross contacts. The buried surface areas between both chains A and B in the asymmetric unit and between their symmetry related ones E and F are equal to 2137 and 2138 Å^2 respectively. The contacts between A and F and B and E bury 1758 and 1757 Å^2 respectively. Smaller contacts are made between A and E on one hand and between B and F on other hand burying only 203 Å^2 each (Table 3 and 4). Thus, compared to the dimer in the asymmetric unit, which buries only 2137Å^2, the whole tetramer buries 8195 Å2. It is apparent from Table 4 that deletions of the α–CDE C-terminal helices, which contain residues 562 to the C-terminus, will disrupt the dimer interface. Likewise, deletion of L391-L394 will affect the tetramer interface.

11

DISCUSSION

This and previous studies show that HSC70 oligomerizes slowly and reversibly through multiple species going from dimers to tetramers with half-times of about 2 hours and dissociation constants of about 5-10 µM (see figure 1 and 2 and (19). These properties are observed whether with the full-length protein or with its isolated C-terminal domain, indicating that the structural determinants for self-association reside in this domain (26).

The C-terminal helices and the leu391-394 region of HSC70 are involved in self-association whether in solution or in the crystals

Analysis of the structural basis of self-association using mutant versions of the protein reveals that deletion of the C-terminal GGMP rich C-terminal region does not significantly affect the oligomerization properties of the protein, even though it contains the highly conserved EEVD sequence that has been identified as a regulatory motif affecting ATPase activity and substrate binding in Hsp70s as well as interaction with HDJ (10). However, deletion of either the α–CDE C-terminal helices or leucines 391-394 of the interdomain linker is sufficient to stabilize the protein in the monomeric form, suggesting that these two regions are involved in self-association.

These results are supported by crystallographic data (17) indicating that the C-terminal domain of the DnaK, which is highly homologous to that of HSC70, exists in two types of crystals either as a monomer or as a dimer in the asymmetric unit (figure 8). In the crystallographic dimer, the C-terminal helices of one monomer interact with the β-subdomain of another monomer through an interface that buries more than 2000 Å^2 and involves about -9 Kcal/mol of free energy of folding (Table 3). In addition, the N-terminal hydrophobic VLLL segment (389-392), homologous to the L391-L394 of HSC70, that is exposed in the DnaK dimer, becomes buried into a hydrophobic pocket in another molecule of the crystal, thus stabilizing a tetrameric structure (see figure 8). It is clear from figure 8 and table 4 that deletions of C-terminal helices or the interdomain hydrophobic linker will strongly destabilize the oligomeric species as observed in solution. Although dimers are found in the asymmetric unit of the crystal, and may as such represent true biological oligomers, the tetramers are due to crystal packing and formed through lattice contacts. However, with about 3900 Å^2 buried and more than 30 Kcal/mol gained relative to the dimer (Table 3) as well as several favorable interactions (Table 4), these tetramers may as well be regarded as biologically relevant assemblies (41-43). Thus, whether in solution or in the crystals, the C-terminal helices and the L391-394 region seem to constitute two distinct contact regions involved in the stabilization of the dimer and tetramer respectively.

The C-terminal helices and the leu391-394 region of HSC70 involved in self-association are highly

12

121

mobile whether in solution or in the crystals

Although characterized by extensive contact areas (Table 4), interactions between the monomers in the oligomers of HSC70 appear to be transient since the protein exists as an equilibrium between species, with dissociation constants in the micromolar range, and do not form an obligate assembly. Moreover, deletion of one contact region (C-terminal helices for example) or the other (L391-L394) leads to the destabilization of the oligomeric structures altogether, even though they belong to different interfaces in the dimer and trimer respectively. These observations suggest that conformational changes occur upon association and/or dissociation, ultimately leading to a linkage between these two regions and the formation of a continuous interface. In fact, such a propensity towards conformational changes seems to be built in the structure since the two regions revealed here as involved in self-association, are precisely those which show the strongest mobility characterized not only by high temperature factors but also by large scale structural changes (17).

Large-scale conformational changes of the C-terminal helices involve translation and rotation movements relative to the β-subdomain thus leading to alternative conformations with respect to the peptide binding site: The "open" conformation giving access to this site and the "closed" conformation denying access to it (*17, 39*). Likewise, the segment of DnaK (389-392) containing the VLLL sequence homologous to the L391-L394 interdomain linker of HSC70, adopts two alternative conformations in the crystals: in one conformation (the "in" conformation), this region is folded back into a hydrophobic pocket made by residues 503-508 of one molecule of the crystal, while in the other conformation (the "out" conformation), this same region is buried into a lattice contact where it occupies the equivalent hydrophobic pocket in another molecule of the crystal, thus stabilizing a tetrameric structure (see (17) and figure 8). Most importantly, the 503-508 hydrophobic pocket, in which the L391-L394 residues relocate, lies at the basis of the C-terminal helical bundle, thus providing a physical link between these two otherwise remote regions through which changes in one may be transmitted to the other.

Thus, the C-terminal helices and the leu391-394 segment constitute two distinct yet interacting contact regions involved in the stabilization of the dimer and tetramer respectively, and deletion of one or the other may lead to the destabilization of the oligomeric structures in agreement with the findings reported here. Moreover, by occupying either the "open" or "closed", the "in" or the "out" posittions, the C-terminal helices as well as the L391-L394 residues can stabilize either the monomer or the oligomers, consistent with the fact that in solution the protein is in equilibrium between several species.

Altogether, the results reported here fit remarkably well with the crystallographic model of the peptide-bound C-terminal domain of DnaK, even though they are obtained in solution and using the peptide-free C-terminal domain of HSC70. Nevertheless, formation of the trimer as observed here is difficult to reconcile with the crystallographic data that suggest the formation of a dimer and a dimer

13

of dimers (tetramer) (see figure 8). Alternative association modes, distinct from those based on the crystallographic data, and in which the C-terminal helices and the L-391-L394 residues may form a single composite interface, are therefore possible.

Functional implications

Although Hsp70s exist as a monomer-oligomer equilibrium, they are active as monomers, raising the question of the biological function of the oligomeric species. In fact, these species have often been presented as inactive storage aggregates of the protein that could be dissociated into active monomers according to cellular needs *(22, 23, 25, 44, 45)*. Nevertheless, the fact that the association interfaces are highly conserved among HSP70's, exist in solution as well as in the crystals and involve the C-terminal helices as well as the L391-L394 that have been implicated in the kinetics of nucleotide and peptide binding and release*(46, 47)*, argues in favor of a biological function and a possible activity for oligomeric forms (48-50). Moreover, this and previous studies have indicated that the monomer-oligomer equilibrium is not only controlled by physiological ligands such as ATP, peptides or unfolded proteins but also by cochaperones and other proteins *(20, 26)*. In addition, other studies on λ phage assembly (51) or clathrin uncoating (52), have suggested a function for HSP70's oligomers More recently, HSC70's have been shown to directly interact with lipid membranes to create functionally stable ATP-dependent, presumably oligomeric, cationic channels *(53)*. Thus, as it is the case of numerous proteins *(54, 55)*, beside the function of the monomer, additional functions may be associated with different oligomeric structures, leading to the view that modulation of the myriad of functions of HSP70's may be obtained through modulation of their quaternary structure.

AKNOWLEDGMENTS:

This work was supported in part by the Association pour la Recherche sur le Cancer (ARC), the Ligue Nationale Contre le Cancer and the Fondation pour la Recherche médicale (FRM). Mouna Amor was supported by a predoctoral fellowship from The Tunisian Ministère de l'Enseignement Supérieur, and Jean-Philippe Suppini by the French Ministère de la Recherche Scientifique et de la Technologie. We are indebted to Arsene Der Garabedian for his generous help.

14

REFERENCES

(1)   Young, J. C., Agashe, V. R., Siegers, K., and Hartl, F. U. (2004) Pathways of chaperone-mediated protein folding in the cytosol. *Nat Rev Mol Cell Biol 5*, 781-91.

(2)   Hartl, F. U., and Hayer-Hartl, M. (2002) Molecular chaperones in the cytosol: from nascent chain to folded protein. *Science 295*, 1852-8.

(3)   Nollen, E. A., and Morimoto, R. I. (2002) Chaperoning signaling pathways: molecular chaperones as stress-sensing 'heat shock' proteins. *J Cell Sci 115*, 2809-16.

(4)   Palleros, D. R., Welch, W. J., and Fink, A. L. (1991) Interaction of hsp70 with unfolded proteins: effects of temperature and nucleotides on the kinetics of binding. *Proc Natl Acad Sci U S A 88*, 5719-23.

(5)   Takenaka, I. M., Leung, S. M., McAndrew, S. J., Brown, J. P., and Hightower, L. E. (1995) Hsc70-binding peptides selected from a phage display peptide library that resemble organellar targeting sequences. *J Biol Chem 270*, 19839-44.

(6)   Flynn, G. C., Chappell, T. G., and Rothman, J. E. (1989) Peptide binding and release by proteins implicated as catalysts of protein assembly. *Science 245*, 385-90.

(7)   Sadis, S., and Hightower, L. E. (1992) Unfolded proteins stimulate molecular chaperone Hsc70 ATPase by accelerating ADP/ATP exchange. *Biochemistry 31*, 9406-12.

(8)   Cheetham, M. E., Jackson, A. P., and Anderton, B. H. (1994) Regulation of 70-kDa heat-shock-protein ATPase activity and substrate binding by human DnaJ-like proteins, HSJ1a and HSJ1b. *Eur J Biochem 226*, 99-107.

(9)   Freeman, B. C., Myers, M. P., Schumacher, R., and Morimoto, R. I. (1995) Identification of a regulatory motif in Hsp70 that affects ATPase activity, substrate binding and interaction with HDJ-1. *Embo J 14*, 2281-92.

(10)   Freeman, B. C., and Morimoto, R. I. (1996) The human cytosolic molecular chaperones hsp90, hsp70 (hsc70) and hdj-1 have distinct roles in recognition of a non-native protein and protein refolding. *Embo J 15*, 2969-79.

(11)   Greene, L. E., Zinner, R., Naficy, S., and Eisenberg, E. (1995) Effect of nucleotide on the binding of peptides to 70-kDa heat shock protein. *J Biol Chem 270*, 2967-73.

(12)   Velten, M., Gomez-Vrielynck, N., Chaffotte, A., and Ladjimi, M. M. (2002) Domain structure of the HSC70 cochaperone, HIP. *J Biol Chem 277*, 259-66.

(13)   Velten, M., Villoutreix, B. O., and Ladjimi, M. M. (2000) Quaternary structure of the HSC70 cochaperone HIP. *Biochemistry 39*, 307-15.

15

(14)   Nollen, E. A., Kabakov, A. E., Brunsting, J. F., Kanon, B., Hohfeld, J., and Kampinga, H. H. (2001) Modulation of in vivo HSP70 chaperone activity by Hip and Bag-1. *J Biol Chem 276*, 4677-82.

(15)   Chappell, T. G., Konforti, B. B., Schmid, S. L., and Rothman, J. E. (1987) The ATPase core of a clathrin uncoating protein. *J Biol Chem 262*, 746-51.

(16)   Wang, T. F., Chang, J. H., and Wang, C. (1993) Identification of the peptide binding domain of hsc70. 18-Kilodalton fragment located immediately after ATPase domain is sufficient for high affinity binding. *J Biol Chem 268*, 26049-51.

(17)   Zhu, X., Zhao, X., Burkholder, W. F., Gragerov, A., Ogata, C. M., Gottesman, M. E., and Hendrickson, W. A. (1996) Structural analysis of substrate binding by the molecular chaperone DnaK. *Science 272*, 1606-14.

(18)   Flaherty, K. M., DeLuca-Flaherty, C., and McKay, D. B. (1990) Three-dimensional structure of the ATPase fragment of a 70K heat-shock cognate protein. *Nature 346*, 623-8.

(19)   Benaroudj, N., Batelier, G., Triniolles, F., and Ladjimi, M. M. (1995) Self-association of the molecular chaperone HSC70. *Biochemistry 34*, 15282-90.

(20)   Schonfeld, H. J., Schmidt, D., Schroder, H., and Bukau, B. (1995) The DnaK chaperone system of Escherichia coli: quaternary structures and interactions of the DnaK and GrpE components. *J Biol Chem 270*, 2183-9.

(21)   Chevalier, M., King, L., Wang, C., Gething, M. J., Elguindi, E., and Blond, S. Y. (1998) Substrate binding induces depolymerization of the C-terminal peptide binding domain of murine GRP78/BiP. *J Biol Chem 273*, 26827-35.

(22)   Freiden, P. J., Gaut, J. R., and Hendershot, L. M. (1992) Interconversion of three differentially modified and assembled forms of BiP. *Embo J 11*, 63-70.

(23)   Angelidis, C. E., Lazaridis, I., and Pagoulatos, G. N. (1999) Aggregation of hsp70 and hsc70 in vivo is distinct and temperature-dependent and their chaperone function is directly related to non-aggregated forms. *Eur J Biochem 259*, 505-12.

(24)   Benaroudj, N., Triniolles, F., and Ladjimi, M. M. (1996) Effect of nucleotides, peptides, and unfolded proteins on the self-association of the molecular chaperone HSC70. *J Biol Chem 271*, 18471-6.

(25)   Gao, B., Eisenberg, E., and Greene, L. (1996) Effect of constitutive 70-kDa heat shock protein polymerization on its interaction with protein substrate. *J Biol Chem 271*, 16792-7.

16

(26) Benaroudj, N., Fouchaq, B., and Ladjimi, M. M. (1997) The COOH-terminal peptide binding domain is essential for self-association of the molecular chaperone HSC70. *J Biol Chem 272*, 8744-51.

(27) Fouchaq, B., Benaroudj, N., Ebel, C., and Ladjimi, M. M. (1999) Oligomerization of the 17-kDa peptide-binding domain of the molecular chaperone HSC70. *Eur J Biochem 259*, 379-84.

(28) Benaroudj, N., Fang, B., Triniolles, F., Ghelis, C., and Ladjimi, M. M. (1994) Overexpression in Escherichia coli, purification and characterization of the molecular chaperone HSC70. *Eur J Biochem 221*, 121-8.

(29) Takeda, S., and McKay, D. B. (1996) Kinetics of peptide binding to the bovine 70 kDa heat shock cognate protein, a molecular chaperone. *Biochemistry 35*, 4636-44.

(30) Schuck, P., and Rossmanith, P. (2000) Determination of the sedimentation coefficient distribution by least-squares boundary modeling. *Biopolymers 54*, 328-41.

(31) Minton, A. P., and Laue, T., eds) pp. 81-93, (1994) *Modern Analytical Ultracentrifugation*, Birkhauser Boston Inc., Cambridge, MA.

(32) Biswas, I., Ban, C., Fleming, K. G., Qin, J., Lary, J. W., Yphantis, D. A., Yang, W., and Hsieh, P. (1999) Oligomerization of a MutS mismatch repair protein from Thermus aquaticus. *J Biol Chem 274*, 23673-8.

(33) Laue, T. M., and Stafford, W. F., 3rd. (1999) Modern applications of analytical ultracentrifugation. *Annu Rev Biophys Biomol Struct 28*, 75-100.

(34) Berman, H. M., Westbrook, J., Feng, Z., Gilliland, G., Bhat, T. N., Weissig, H., Shindyalov, I. N., and Bourne, P. E. (2000) The Protein Data Bank. *Nucleic Acids Res 28*, 235-42.

(35) Rodier, F., Chiadmi, M. and Crosiso, M.P. (1990) An array processor program for computing the neighbours in molecular packing. *Acta Crystallographica Section A*, 37.

(36) Crosio, M. P., Rodier, F., and Jullien, M. (1990) Packing forces in ribonuclease crystals. *FEBS Lett 271*, 152-6.

(37) Lee, B., and Richards, F. M. (1971) The interpretation of protein structures: estimation of static accessibility. *J Mol Biol 55*, 379-400.

(38) Eisenberg, D., and McLachlan, A. D. (1986) Solvation energy in protein folding and binding. *Nature 319*, 199-203.

17

126

(39) Morshauser, R. C., Hu, W., Wang, H., Pang, Y., Flynn, G. C., and Zuiderweg, E. R. (1999) High-resolution solution structure of the 18 kDa substrate-binding domain of the mammalian chaperone protein Hsc70. *J Mol Biol 289*, 1387-403.

(40) Suppini, J. P., Amor, M., Alix, J. H., and Ladjimi, M. M. (2004) Complementation of an Escherichia coli DnaK defect by Hsc70-DnaK chimeric proteins. *J Bacteriol 186*, 6248-53.

(41) Lo Conte, L., Chothia, C., and Janin, J. (1999) The atomic structure of protein-protein recognition sites. *J Mol Biol 285*, 2177-98.

(42) Jones, S., and Thornton, J. M. (1996) Principles of protein-protein interactions. *Proc Natl Acad Sci U S A 93*, 13-20.

(43) Dasgupta, S., Iyer, G. H., Bryant, S. H., Lawrence, C. E., and Bell, J. A. (1997) Extent and nature of contacts between protein molecules in crystal lattices and between subunits of protein oligomers. *Proteins 28*, 494-514.

(44) Blond-Elguindi, S., Fourie, A. M., Sambrook, J. F., and Gething, M. J. (1993) Peptide-dependent stimulation of the ATPase activity of the molecular chaperone BiP is the result of conversion of oligomers to active monomers. *J Biol Chem 268*, 12730-5.

(45) Knarr, G., Kies, U., Bell, S., Mayer, M., and Buchner, J. (2002) Interaction of the chaperone BiP with an antibody domain: implications for the chaperone cycle. *J Mol Biol 318*, 611-20.

(46) Han, W., and Christen, P. (2001) Mutations in the interdomain linker region of DnaK abolish the chaperone action of the DnaK/DnaJ/GrpE system. *FEBS Lett 497*, 55-8.

(47) Rudiger, S., Buchberger, A., and Bukau, B. (1997) Interaction of Hsp70 chaperones with substrates. *Nat Struct Biol 4*, 342-9.

(48) Brot, N., Redfield, B., Qiu, N. H., Chen, G. J., Vidal, V., Carlino, A., and Weissbach, H. (1994) Similarity of nucleotide interactions of BiP and GTP-binding proteins. *Proc Natl Acad Sci U S A 91*, 12120-4.

(49) King, C., Eisenberg, E., and Greene, L. (1995) Polymerization of 70-kDa heat shock protein by yeast DnaJ in ATP. *J Biol Chem 270*, 22535-40.

(50) Toledo, H., Carlino, A., Vidal, V., Redfield, B., Nettleton, M. Y., Kochan, J. P., Brot, N., and Weissbach, H. (1993) Dissociation of glucose-regulated protein Grp78 and Grp78-IgE Fc complexes by ATP. *Proc Natl Acad Sci U S A 90*, 2505-8.

18

(51) Osipiuk, J., Georgopoulos, C., and Zylicz, M. (1993) Initiation of lambda DNA replication. The Escherichia coli small heat shock proteins, DnaJ and GrpE, increase DnaK's affinity for the lambda P protein. *J Biol Chem 268*, 4821-7.

(52) Schlossman, D. M., Schmid, S. L., Braell, W. A., and Rothman, J. E. (1984) An enzyme that removes clathrin coats: purification of an uncoating ATPase. *J Cell Biol 99*, 723-33.

(53) Arispe, N., and De Maio, A. (2000) ATP and ADP modulate a cation channel formed by Hsc70 in acidic phospholipid membranes. *J Biol Chem 275*, 30839-43.

(54) Nooren, I. M., and Thornton, J. M. (2003) Diversity of protein-protein interactions. *Embo J 22*, 3486-92.

(55) Nooren, I. M., and Thornton, J. M. (2003) Structural characterisation and functional significance of transient protein-protein interactions. *J Mol Biol 325*, 991-1018.

19

20

Table I: Hydrodynamic parameters and molecular mass of HSC70, C30 and t heir respective species.

Protein	Species	Theoretical molecular mass* (KDa)	Rs (Å)	$s_{20,w}$, (S)	Calculated molecular mass ° (KDa)	Experimental molecular mass # (KDa)
HSC70	Monomer	70871	43.3	4.23 ± 0.02	79252	64147 {54241 ; 74496}
	Dimer	141742	56.4	6.41 ± 0.04	156261	142573 {11790 ; 168380}
	Trimer	212613	63.4	7.37 ± 0.02	202078	219254 {207125 ;238956}
	Tetramer	283484	69.5	ND	ND	ND
C30	Monomer	28780	31.3	3.26 ± 0.02	44080	36669 {29868 ; 44401}
	Dimer	57560	44.3	4.60 ± 0.02	88032	56590 {48949 ; 65199}
	Trimer	86340	51.4	6.71 ± 0.02	148994	87128 {79187 ; 95463}
	Tetramer	115120	57.5	ND	ND	118056 {100004; 137828}

The species of HSC70 and C30 correspond to the peaks noted M, D, T and S in size exclusion chromatography (see figure 1). The Stokes radius and the sedimentation coefficient were obtained by size exclusion chr omatography and sedimentation velocity respectively as described in the experimental procedures section.
* The theoretical molecular mass was calculated from the amino acid sequence by SEDNTERP.
° The estimated molecular mass of the respective species was calculated using the experi mental values of the Stokes radius and the sedimentation coefficient and a modified Svedberg equation.
The exper imental molecular mass was determined from equilibrium sedimentation experiments , with a nine data sets globa l analysis by WINNONLIN as described in Experimental proced ures. Data into bracket correspond to the lower and higher molecular masses returned by the fit.

Table II: Hydrodynamic parameters and molecular mass of HSC70 deletion mutant s.

Protein	Theoretical molecular mass°, (kDa)	$s^0_{20,w}$, (S)	Calculated molecular mass #, (kDa)	Experimental molecular mass #, (kDa)	Species
N68	68176	9.68* ± 0.15	209735*	ND	Multiple
N64	64519	4.38 ± 0.04	66434	65386 ± 770	Monomer
N60	61693	4.09 ± 0.03	57929	57793 ± 600	Monomer
N70ΔL	70418	4.23 ± 0.04	69350	70674 ± 880	Monomer
C24	26392	4.25* ± 0.15	61587*	ND	Multiple
C22	22735	2.17 ± 0.04	22392	22637± 300	Monomer
C20	19910	2.02 ± 0.02	20120	21347 ± 500	Monomer
C30ΔL	27655	2.61 ± 0.04	34079	30500 ± 450	Monomer

° The theoretical molecular mass was calculated from the amino acid sequence by SEDNTERP.
* Average value taking into account all the species.
# The experimental molecular mass was determined from equilibrium sedimentation experiments with a nine data set global analysis by WINNONLIN as described in Experimental procedures.
ND : Not determined

Table III : Buried surface area and free energy of solvation in subunits association of the C-terminal domain of DnaK in the crystal.

Oligomer	Buried Surface Area ($Å^2$)	Solvation Free Energy (kcal/mol)
Dimer	2137.03	- 9.63
Tetramer (dimer of dimers)	3920.20*	- 31.24[#]

The buried surface areas and the solvation free energies refer to the interface between two monomers in the dimer and to the interface between two dimers in the tetramer. The accessible surface areas and solvation free energies of the whole complexes and of the isolated chains have been computed with the method of Lee and Richard (37), using a probe radius of 1.4 Å, and Eisenberg and McLachlan (38) respectively.

*This value represents the sum of areas involved in the interaction between two dimers in the tetramer (see also figure 8 for visualization of contact interfaces). There is in fact two types of interface between the two dimers in the tetramer: one interface involves the β-subdomains contacts of two dimers (corresponding to 1756.70 and 1757.6 $Å^2$) and the other involves the β-subdomains of one dimer and α-subdomains of another dimer (corresponding to 202.60 and 203.30 $Å^2$) (see also figure 8). [#]This value represents the sum of free energies of solvation involved in the interaction between two dimers in the tetramer. The free energy of solvation for the β-subdomains contacts correspond to -15.38 and -15.40 Kcal/mol and the β-subdomains and α-subdomains correspond to -0.13 and -0.33 Kcal/mol.

21

130

Table 4: Residues in contact in the crystal of the dimer and tetramer of DnaK C-terminal domain.

Dimer		Tetramer	
Chain A α subdomain	Chain B β subdomain	Chain A N-terminus	Chain F β subdomain
LYS 581	SER 423	LEU 390	ASP 393
GLU 585	GLN 424	LEU 391	VAL 394
MET 588	VAL 425	LEU 392	THR 395
GLN 589	ASN 463		PRO 396
LEU 591	PRO 464		LEU 399
ALA 592	ALA 465		ILE 418
GLN 593	PRO 466		GLN 442
MET 599	GLN 471		LEU 454
	GLU 473		ILE 478
	LYS 491		ALA 480
	ASN 492		ASP 481
			GLY 482
			LEU 484
			ILE 501
			LYS 502
			Coil
			LEU 392
			ALA 503
			SER 504
			SER 505
			GLY 506
			LEU 507
			α subdomain
			GLU 509
			ILE 512

Only residues whose interactions in the dimeric and tetrameric interface are disrupted by the deletion are shown (see also figure 8). Due to the two-fold symmetry of the dimer and the four-fold symmetry of the tetramer, contacts between chain A and F (transformed of chain B) are not shown since they are the same as those between chain B and chain E (transformed of chain A). These deletions do not modify the limited "cross"-contacts between chain A and chain E and between chain B and chain F.

22

131

Figure 1: **Analysis of HSC70 (Left) and its C-terminal domain (C30) (Right) by size exclusion chromatography and sedimentation velocity.** 30mM of HSC70 and 36mM of C30 were loaded on a Superdex200 HR 10/30 column and eluted as described in the experimental procedures section. The molecular mass standards used, and represented at the top of the panels are: ferritin (440 kDa; R_s = 61 Å), catalase (232 kDa; R_s = 52.2 Å), aldolase (158 kDa; R_s = 41.8 Å), albumin (67 kDa; R_s = 35.5 Å), ovalbumin (43 kDa; R_s = 30.5 Å), and chymotrypsinogen (25 kDa; R_s = 20.9 Å).

Figure 2: **Kinetics of association/dissociation of separated species of HSC70 (Left) and C30 (Right). HSC70:** Purified monomers (**M**), dimers (**D**) and oligomers (**O**), as obtained in figure 1, were incubated at 20° C. After various time intervals, aliquots were removed and analyzed by size-exclusion chromatography. The elution was monitored at 280nm and the amounts of the different species (Monomer *M, closed circle;* Dimer *D, closed square* and Oligomer *O, closed triangle*) were estimated from the elution profile by calculation of the peak surface areas, and plotted as a function of incubation time.

Figure 3: **Schematic representation of HSC70 deletion mutants.** Top: ribbon diagram of HSC70 ATPase domain and DnaK peptide-binding domain: The positions of the deletions are indicated by dots. Bottom: schematic outline of HSC70, with its ATPase domain ((white box), C30 (ab subdomain (light grey box) and GGMP rich, EEVD containing, region (dark grey box) and the deletion mutants: Lane 1, HSC70; lane 2, C30; lane 3, N68; lane 4, C24; lane 5, N64; lane 6, C22; lane 7, N60; lane 8, C20; lane 9, N70ΔL; lane 10, C30ΔL.

Figure 4: **Analysis of purified proteins by SDS-PAGE.** Purified proteins were analysed by SDS-PAGE as described under "Experimental Procedures". M, molecular mass markers (values in kDa on the left). **A,** 12% SDS-PAGE of N-mutants, lane 1, HSC70; lane 3, N68; lane 5, N64; lane 7, N60; lane 9, N70ΔL. **B,** 15% SDS-PAGE of C-mutants, lane 2, C30; lane 4, C24; lane 6, C22; lane 8, C20; lane 10, C30ΔL (numbering of the lanes corresponds to the numbering of the proteins in figure 3.

Figure 5: **Analysis of HSC70 deletion mutants as well as their respective C-terminal domains by size exclusion chromatography.** N70 or N-mutants (**left**) and C30 or C-mutants (**right**) were incubated for 3 hours at 20°C and then analyzed by size exclusion chromatography as described under "Experimental Procedures". The molecular mass markers used, and shown at the top of panels, are the same than those shown in figure 1.

23

Figure 6: **Effect of ATP on the self-association properties of HSC70 and its N-mutants.** HSC70 or N-mutants were incubated for 30 min at 37°C in the absence (*solid line*) or in the presence of 150 μM of ATP (*dotted line*) and then analyzed by size exclusion chromatography as described under "Experimental Procedures". The molecular mass markers used, and shown at the top of panels, are the same than those shown in figure 1.

Figure 7: **Effect of peptide on the self-association properties of N-mutants (left) and C-mutants (right).** HSC70, N-mutants C-mutants were incubated for 30 min at 37°C in the absence (*solid line*) or in the presence of 150 μM of peptide FYQLALT (*dotted line*) and then analyzed by size exclusion chromatography as described under "Experimental Procedures". The molecular mass markers used, and shown at the top of panels, are the same than those shown in figure 1.

Figure 8: **Structure of the C-terminal domain of DnaK in the presence of bound peptide.** Molecular surface representation of the monomer (pdb entry: 1dkz) and the dimer (pdb entry: 1dky) as found in the asymmetric unit of type 1 and type 2 crystals respectively. The tetramer is constructed from the crystal lattice using symmetry operations as described in the "Materials and Methods" section. The monomers noted A, B, E and F are represented in light colors and the deleted regions (compare with figure 3) in the corresponding dark colors (for example, light and dark blue for the monomer). The bound peptide is shown in white. Chains A and B in the asymmetric unit of 1dky (dimer) are related by a pseudo-two fold rotation axis. From this dimer, a crystalline tetramer ABEF can be built using the two-fold rotation of space group P 21 21 2 : -X,+Y,+Z ; X,-Y,+Z ; X,Y,Z ; and cell translations 96,4, 117,0 and 0.0. Chains E and F are the symmetrical of A and B respectively. The buried surface areas between both chains A and B in the asymmetric unit and between their symmetry related ones E and F are equal to 2137 and 2138 $Å^2$ respectively. The contacts between A and F and B and E bury 1758 and 1757 $Å^2$ respectively. Smaller contacts are made between A and E on one hand and between B and F on other hand burying only 203 $Å^2$ each. Thus, compared to the dimer in the asymmetric unit, which buries only 2137$Å^2$, the whole tetramer buries 8195 Å2.

24

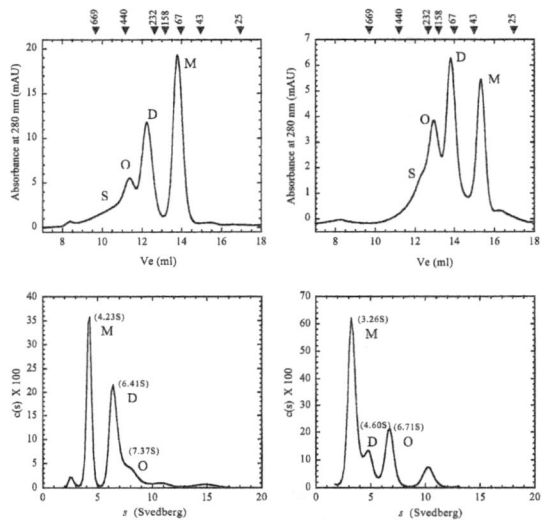

Figure 1

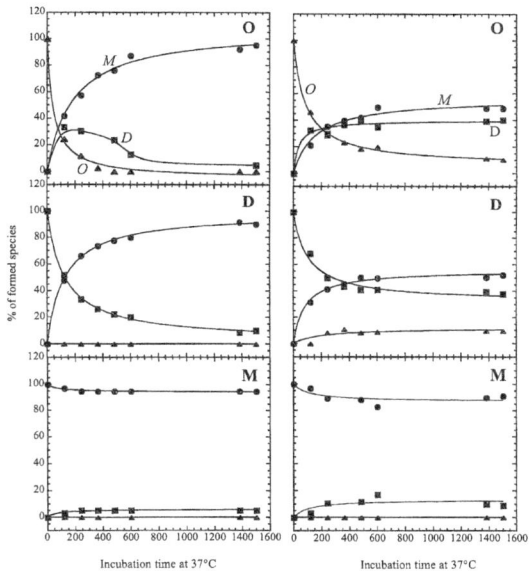

Figure 2

Figure 3

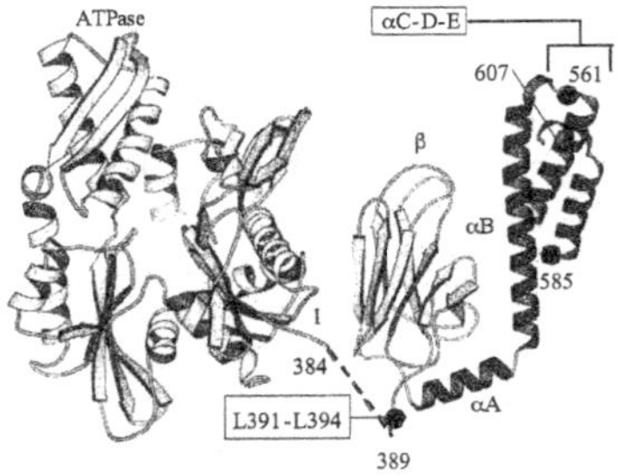

ATPase
αC-D-E
607
561
β
αB
585
1
384
L391-L394
389
αA

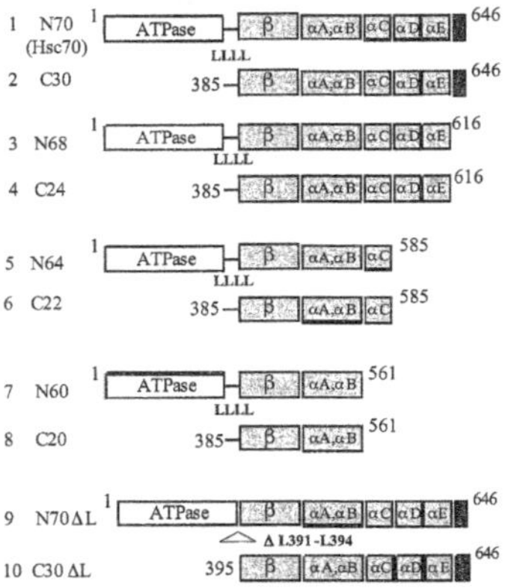

1 N70 (Hsc70)
1 ATPase β αA,αB αC αD αE 646
LLLL
2 C30
385 β αA,αB αC αD αE 646
3 N68
1 ATPase β αA,αB αC αD αE 616
LLLL
4 C24
385 β αA,αB αC αD αE 616
5 N64
1 ATPase β αA,αB αC 585
LLLL
6 C22
385 β αA,αB αC 585
7 N60
1 ATPase β αA,αB 561
LLLL
8 C20
385 β αA,αB 561
9 N70ΔL
1 ATPase β αA,αB αC αD αE 646
Δ L391-L394
10 C30 ΔL
395 β αA,αB αC αD αE 646

27

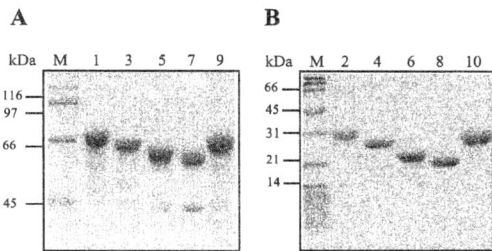

A

B

Figure 4

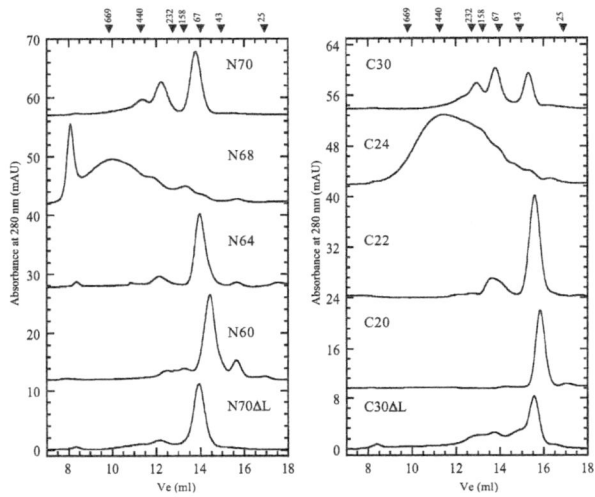

Figure 5

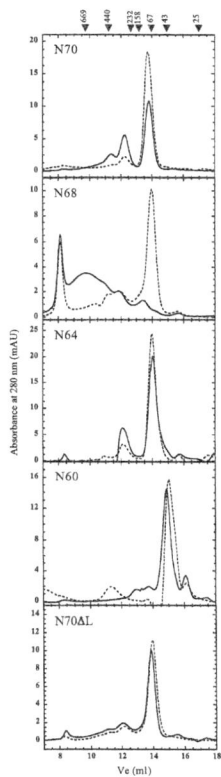

Figure 6

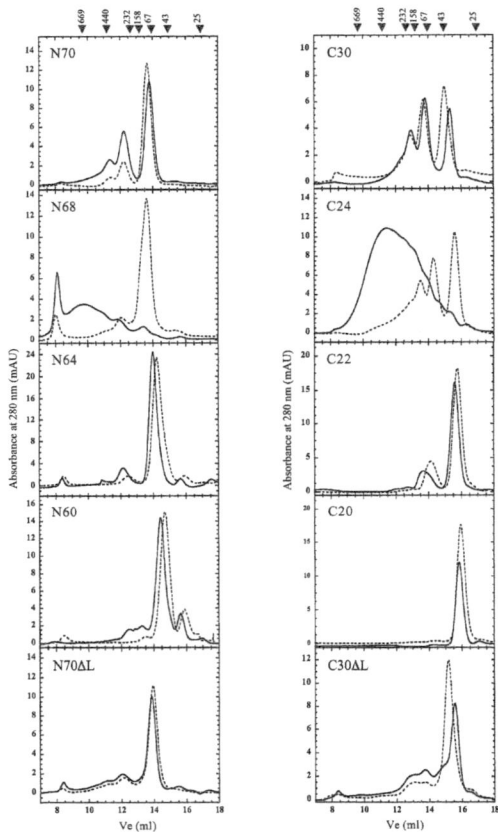

Figure 7

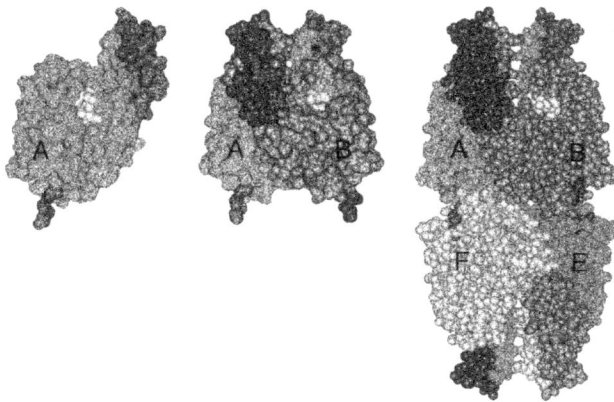

Figure 8

32

DISCUSSION GENERALE ET PERSPECTIVES

Discussion générale et perspectives

Le travail présenté dans ce mémoire porte sur des études structurales et fonctionnelles visant à déterminer le rôle in vivo des différents domaines des Hsp70. Les études fonctionnelles ont été menées chez *E.coli* sur de nombreux mutants de DnaK et de Hsc70, construits pour cette étude, et dont on a testé la capacité à se substituer à DnaK sauvage au niveau de deux phénotypes : la thermorésistance et la sensibilité au bactériophage λ. Les études structurales quand à elles, portent sur la caractérisation biophysique et biochimique de certains de ces mutants, notamment au niveau de l'oligomérisation de Hsc70.

Dans une première partie nous avons montré que Hsc70 de rat, bien que présentant une grande homologie de séquence et de structure avec son homologue bactérien DnaK, était incapable de se substituer à celui-ci vis-à-vis des fonctions assurant à *E.coli* la croissance à hautes températures (43°C) et la sensibilité à l'infection par le phage lambda. Les études de complémentation fonctionnelle de bactéries DnaK⁻ (thermosensibles et résistantes au λ) par des protéines chimères Hsc70/DnaK ont démontré que le domaine central de DnaK (PBD pour Peptide Binding Domain) était responsable de cette spécificité. En effet une Hsc70 dans laquelle le PBD a été remplacé par celui de DnaK peut comme une DnaK sauvage restaurer la croissance à 43°C et la réplication du phage λ de souches d'*E.coli* DnaK⁻ . Dans une seconde partie nous avons pu démontrer que non seulement le sous domaine β du PBD de DnaK portait cette spécificité mais que seul, en supprimant tous les autres domaines de la protéine (y compris le domaine N-terminal ATPasique supposé indispensable), il était capable tout comme une DnaK entière de restaurer les deux phénotypes.

Des mutants ponctuels DnaK, ainsi que de délétion d'Hsc70 nous ont permis de montrer que l'intégrité du site de fixation des peptides substrats (localisé dans le β de DnaK) était indispensable à la complémentation fonctionnelle, et que la spécificité de fonction de DnaK est probablement liée à une spécificité de substrat. Pour finir, dans une troisième partie, nous avons pu montré grâce à des études biophysiques sur des mutants de délétion, que Hsc70 et son domaine C-terminal isolé existe sous la forme d'un équilibre entre monomère/dimère/trimère/tétramère et que les régions responsables de l'oligomérisation sont formées par les hélices α C-terminales et la séquence de résidus Leucine L391-L394 qui relie le domaine N-terminal de la protéine au PBD.

I/ Généralisation des résultats à l'ensemble des souches DnaK⁻

L'ensemble des résultats obtenus *in vivo*, présentés dans ce manuscrit ont été réalisés avec des souches *E.coli dnaK103* . La question de savoir si ces résultats sont valables uniquement dans cette souche particulière, ou si ceux-ci sont généralisables à l'ensemble des souches *E.coli* Dnak⁻, peut se poser. Cette souche mutante particulière appelée CG800 ou BB2393 (C600 *dnaK103* thr :Tn*10*), ne possède pas de DnaK active, et produit un petit fragment N-terminal de DnaK non actif (Spence et al., 1990 ; Mayer et al., 2000), qui doit être rapidement dégradé car on nous n'avons pas pu le détecter par immuno-blot. Par rapport à d'autres souches *d'E.coli* Δ*dnaK*, la souche *dnaK103* présente de nombreux avantages : tout d'abord, cette souche possède une expression normale de *dnaJ* , contrairement à d'autre souches couramment utilisées comme les souches *E.coli* Δ*dnaK52* où l'expression de *dnaJ* est réduite de plus de 95% (Mogk et al., 1999). De plus les souches Δ*dnaK* possèdent, comme la souche communément utilisée BB1553 ou développent rapidement la mutation favorable *sidB1* au niveau du gène *rpoH* (codant pour le facteur de transcription σ³²) qui a pour effet de surexprimer l'ensemble des HSP sous contrôle du facteur de transcription σ³². Cependant, il faut noter que la souche BB2393 présente un contexte génétique particulier. En effet nous avons vu précédemment que GrpE co-chaperon de DnaK était une protéine essentielle chez *E.coli* et ne pouvait donc être supprimée sans entraîner la mort cellulaire à toutes les températures; exception faite de certaines souches mutantes particulières dont BB2393 fait partie. Le fait que l'on puisse supprimer le gène *grpE* chez BB2393, a été expliqué par la présence de suppresseurs extragéniques non identifiés (Ang et Georgopoulos, 1989). Cependant cette délétion de *grpE* rend la souche thermosensible à 43°C (même en surexprimant DnaK sauvage) et résistante à l'infection par le phage lambda. On peut donc en déduire que ses mutations suppressives compensent la perte de GrpE au niveau de certaines de ses activité (à température standard). A hautes températures, soit les conditions sont telles que les mutations suppressives n'agissent plus, soit elles n'agissent pas vis-à-vis de la fonction essentielle de GrpE à haute température, et dans la réplication du phage lambda. Dans le but de pouvoir généraliser nos résultats à l'ensemble des souches *E.coli*, il faudrait pouvoir reproduire ces résultats dans d'autres souches mutantes DnaK⁻, comme la souche BB1553 (Δ*dnaK52 sidB1*). Cependant de précédentes études de complémentation ont montré que la présence d'un taux normal en DnaJ était indispensable dans cette situation: le manque de DnaJ masquant l'effet de la complémentation fonctionnelle (Mogk et al., 1999). Il conviendra donc en premier lieu de pouvoir construire un système d'expression de DnaJ compatible avec celui de DnaK utilisé dans nos expérimentations (plasmide pUHE21-2fdΔ12).

II/ Généralisation à l'ensemble des HSP70

Il serait intéressant de pouvoir généraliser à l'ensemble des HSP70 les résultats obtenus entre Hsc70 et DnaK chez *E.coli*. Tout d'abord en testant la capacité d'autre HSP70 à restaurer ou non la thermosensibilité et la croissance du phage lambda : BIP (HSP70 du réticulum), Hsp70 (humaine), SSa (levure)... Cette étude est déjà en cours au laboratoire et les résultats préliminaires avec Bip (voir Figure 23) montre que Bip contrairement à Hsc70 peut restaurer partiellement la croissance à 43°C de souches *d'E.coli* DnaK- (*E.coli* BB2404 *dnak103*), mais pas aussi fortement qu'une DnaK. En effet la croissance des souches ou l'on exprime Bip sous contrôle d'un promoteur IPTG (procédure expérimentale identique à celle employée précédemment voir « Matériels et Méthodes » du second chapitre) existe mais s'arrête à la dilution 10^{-4} (dilutions qui correspondent à celles des cultures de nuit, en vue d'être déposées sur boite pour test à 43°C), contrairement à DnaK ou la densité bactérienne est maximale au niveau des dépôts et ce jusqu'à une dilution de 10^{-6}. Ces premières expérimentations laissent supposer que suivant la séquence du site de fixation des peptides de chaque HSP70, leur affinité pour les substrats spécifiques de DnaK chez *E.coli* seront différentes : forte comme pour DnaK, faible voir nulle comme pour Hsc70 ou intermédiaire comme pour Bip.

Une autre approche pourrait être intéressante : tester des systèmes cellulaires différents de *E.coli* et/ou d'autres phénotypes avec des protéines chimères élaborées en échangeant le domaine B de différentes HSP70, afin de voir si la spécificité du PBD des HSP70 peut être généralisée à l'ensemble des HSP70 et de leur fonction.

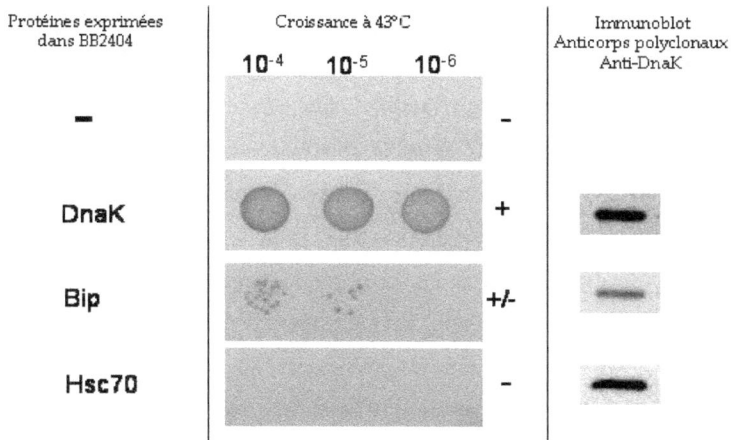

Figure 23: *Complémentation fonctionnelle de souche E.coli BB2404 (dnaK103) par DnaK, Hsc70 et Bip. Des cultures de nuit (30°C) de BB2404 contenant les plasmides codant pour les différentes protéines ont été préparées comme décrit dans le Matériel et Méthode du chapitre 2. Des dilutions en série des ces cultures sont déposées sur des boites contenant du milieu LB additionné de kanamycine et d'ampicilline, en absence (résultats non montrés) ou en présence d'IPTG (100µM). Ces boites vont être ensuite incubées 24h à 30°C ou 43°C. Pour les Immunoblots voir « Matériels et Méthodes » du chapitre 2.*

III/ Influence de la surexpression sur les résultats.

Nous avons vu dans les parties précédentes que le sous domaine B était nécessaire et suffisant au rétablissement de la thermorésistance et de la propagation du bactériophage lambda chez les souches DnaK⁻ *(dnaK103)*. Cependant, il faut noter que le système plasmidique utilisé dans ses expériences (pUHE21-2FdΔ12), surexprime sous contrôle d'un promoteur inductible par l'IPTG d'environ 20 fois les protéines dont le gène a été cloné à l'intérieur du site multiple de clonage. On peut se poser la question de savoir si dans des conditions normales d'expression, les complémentations fonctionnelles avec les différentes protéines mutantes ou sauvages, auraient donné des résultats identiques. En effet il faut savoir que la surexpression de certaines protéines peut combler les défauts liés à l'absence d'autres protéines. Par exemple la surexpression de chaperons de type Groel/GroES peut partiellement restaurer les défauts de biogenèse des ribosomes de souche DnaK⁻ (El Hage et al.,2001), de même l'augmentation de la concentration intracellulaire en proline (chaperon chimique) entraîne la restauration de la thermotolérance à 42°C de souches *E.coli ΔdnaK52* (Chattopadhyay et al., 2004).

On peut tout à fait imaginer que le sous domaine B de DnaK agisse moins bien qu'une DnaK entière vis-à-vis de ses fonctions essentielles à hautes températures et dans la sensibilité au phage λ, mais que sa surproduction pallie à sa faible activité. Le nombre compensant en quelques sortes la qualité. Afin de répondre à cette question nous pourrions utiliser un autre type de vecteur dans lequel les gènes *dnaK*, *dnaJ* et les différents mutants seront clonés en amont de leur propre promoteur.

IV/ La spécificité de Fonction de DnaK serait liée à une spécificité de substrat

Hsc70, bien que présentant environ 75% de similarité de séquence avec DnaK et une structure quasi superposable, ne peut pas se substituer à cette dernière dans des souches d'*E.coli* DnaK⁻. Le résultat des expériences de complémentation fonctionnelle utilisant différentes chimères Hsc70/DnaK a révélé le sous domaine B de DnaK comme porteur de la spécificité de la protéine à restaurer la thermorésistance et la sensibilité au phage lambda. Sachant que ce sous domaine contient le site de fixation des peptides substrats, on peut légitimement formuler l'hypothèse que cette spécificité fonctionnelle du domaine β de DnaK serait due à une spécificité d'interaction entre son site de fixation et certains substrats, protéiques ou autres. Dans ce cas il existerait une spécificité d'espèce voir de localisation cellulaire chez les HSP70, spécificité qui serait porté par le site de fixation des substrats.

Cependant il faut noter qu'au sein de la grande famille des HSP70 le domaine β est extrêmement bien conservé, selon les données structurales à notre disposition, seuls quelques résidus, en interaction avec le peptide substrat dans le cristal, sont par exemple différents entre DnaK et Hsc70. Ainsi selon cette hypothèse on peut imaginer que peu de changements seraient nécessaires pour convertir une Hsc70 en une DnaK. Plus généralement; peu de changements seraient nécessaires pour convertir n'importe quelle HSP70 en une autre. Cependant les expériences visant à transformer Hsc70 en DnaK en mutant l'un des quatre résidus en contact avec le peptide substrat et différent entre les deux homologues n'ont pas donné les résultats escomptés, puisque les mutants de Hsc70 échouent à restaurer la thermotolérance et la croissance du λ. Pour donner suite à ce travail, il conviendrait d'essayer différentes combinaisons de ses mutations, voir tenter une approche plus globale en soumettant les domaines β de DnaK et de Hsc70 à des expériences de « DNA Shuffling »: Tout d'abord les séquences de *hsc70* et *dnaK*, seront fragmentées, et recombinées aléatoirement. Cette banque de recombinants sera utilisée pour transformer des souches *E.coli dnaK103*. La restauration de la croissance à 43°C permettra de sélectionner les recombinants actifs. Ceux-ci seront systématiquement séquencés. L'analyse comparative de leurs séquences devrait permettre d'isoler les régions ou les résidus à modifier chez Hsc70 pour la transformer en une DnaK active à hautes températures.

V/ Quelle est la fonction de DnaK à hautes températures et dans la réplication du phage lambda

Le domaine B de DnaK seul, en l'absence des autres domaines de la protéine fonctionne comme une DnaK sauvage au niveau de sa fonction essentielle à hautes températures et de celle impliquée dans la réplication du phage lambda chez la souche BB2404 (*dnaK103*). De plus la spécificité du β de DnaK par rapport à celui d'Hsc70 à complémenter les souches DnaK⁻, semble liée à l'intégrité de son site de fixation des peptides substrats. Ces résultats présentés précédemment, vont à l'encontre de l'idée communément admise, selon laquelle DnaK accomplit sa fonction de chaperon moléculaire par des cycles de fixation et de libération des protéines substrats ATP et DnaJ/GrpE dépendants (Buckau et Horwich, 1998). L'impact de ce travail sur la vision globale du rôle des Hsp70 et de leurs co-chaperons et plus particulièrement du trio DnaK/DnaJ/GrpE est primordial. En effet, la plupart des théories élaborées sur le fonctionnement des Hsp70 sont basées sur des études *in vitro*, difficilement transposables aux conditions cellulaires.

V.1/ L'action de DnaK se situerait au niveau de la prévention de l'agrégation.

Au vue de nos résultats *in vivo*, on peut imaginer l'hypothèse suivante : sachant que DnaK possède de nombreuses fonctions cellulaires différentes, il est possible que suivant les conditions cellulaires (conditions standard, stress thermique,…) le mode de fonctionnement de Dnak soit dirigé préférentiellement vers l'une ou l'autre de ses fonctions. On pourrait tout à fait imaginer que la fonction de DnaK dans des conditions cellulaires normales soit axée majoritairement sur l'aide au repliement des protéines nouvellement synthétisées, via son activité chaperon ATP et co-chaperon dépendant. Dans d'autres conditions cellulaires, comme à hautes températures, le fonctionnement de DnaK s'orienterait dans le sens, de la protection contre l'agrégation protéique, ou de la présentation à des protéases pour dégradation. La protection ou le marquage pour dégradation par fixation de DnaK sur des zones hydrophobes exposées durant le stress thermiques ne nécessiterait pas l'hydrolyse de l'ATP et donc la présence du domaine N-terminal. Ce « shift » dans la fonction de DnaK pourrait être la conséquence d'un changement conformationel de sa structure, de celle de l'un de ses co-chaperons (DnaJ et/ou GrpE), voir même de ses propriétés d'oligomérisation (voir plus loin). Ce changement de conformation pourrait être du : soit à un changement dans le milieu cellulaire (changement de température,…) soit à des interactions avec d'autres composés (chaperons, protéases, facteurs de transcription, …).

Dans le but de pouvoir identifier la fonction essentielle du domaine β de DnaK à hautes températures, des études de protection de l'agrégation et de désagrégation devront être menées. L'analyse par électrophorèse bidimensionnelle des extraits cellulaires de souches DnaK⁻ cultivées à 30°C ou à 43°C, et dans lesquelles on aura surexprimé DnaK, Hsc70 et différents mutants de délétions dont le domaine βde DnaK est un bon exemple du type de travaux qui pourrait être mené. Les résultats de ces expériences pourraient nous indiquer si à hautes températures DnaK et son domaine β jouent un rôle dans la protection contre l'agrégation. Par exemple si à 43°C, l'agrégation protéique est supérieure dans des souches DnaK-, à celle observée dans les souches où l'on exprimera DnaK ou son domaine β .

V.2/ Rôle de l'oligomérisation

Lors d'une augmentation de température, les protéines de choc thermique sont surproduites. Ce bouleversement dans la concentration cellulaire en chaperons peut avoir un impact sur leurs interactions ; notamment au niveau de leur oligomérisation. En effet nous avons vu dans l'introduction que la majorité des chaperons moléculaires possèdent des propriétés d'oligomérisation en solution. Les HSP70 sont connues pour exister en solution sous la forme d'un équilibre entre forme monomérique et oligomérique. Cet équilibre évolue dans un sens ou dans l'autre suivant la concentration, la température et la nature du nucléotide fixé (Benaroudj et al., 1995 ; Benaroudj et al., 1996) (voir Figure 24).

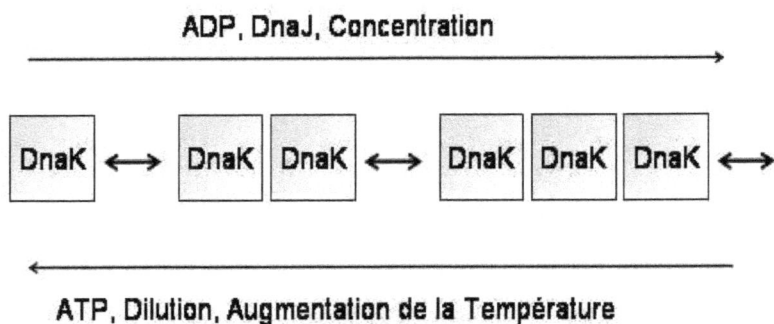

ADP, DnaJ, Concentration
⟶

[DnaK] ⟷ [DnaK][DnaK] ⟷ [DnaK][DnaK][DnaK] ⟷

⟵
ATP, Dilution, Augmentation de la Température

Figure 24 : schéma représentant la structure en solution de la protéine DnaK

A hautes températures la production de DnaK augmenterait et l'équilibre monomère/oligomère se trouverait ainsi déplacé vers la forme oligomérique de la protéine. De surcroît, GrpE à hautes températures subit un changement

152

conformationnel qui inhibe fortement sa fonction d'échange ADP/ATP (Grimshaw et al., 2001). En condition de stress thermique, DnaK serait donc majoritairement liée à de l'ADP, ce qui tendrait d'autant plus à déplacer l'équilibre vers la forme oligomérique. L'oligomérisation de la protéine à hautes températures pourrait donc entraîner un changement de fonction de DnaK. Nous avons vu précédemment, que les propriétés d'oligomérisation des HSP70 étaient portées par certaines régions de la protéine. Il serait intéressant de tester différents mutants de DnaK dont les mutations empêchent l'oligomérisation dans des expériences de complémentation fonctionnelle, afin de déterminer le rôle de l'oligomérisation *in vivo*.

V.3/ Dans des conditions de stress thermique DnaK jouerait un rôle d'activateur transcriptionnel (ATP et co-chaperons indépendant)

A hautes températures, DnaK pourrait également jouer le rôle d'activateur transcriptionnel. Des études ont montré que DnaK était impliquée dans la régulation de son propre opéron (voir introduction) (Bucca et al.,2003). DnaK forme avec l'ADN et hspR (régulateur de l'opéron *dnaK*) un complexe ternaire stable ATP et co-chaperon indépendant. On peut alors imaginer que DnaK agirait comme un activateur transcriptionnel de certains gènes codant pour d'autres protéines impliquées dans la survie de la bactérie dans des conditions de stress thermique. La spécificité du domaine B à restaurer la croissance à hautes températures pourrait être expliquée par sa capacité à fixer un régulateur transcriptionnel spécifique.

V.4/ Rôles de DnaK dans la réplication du phage λ

Nous avons vu dans l'introduction que DnaK a donc un rôle primordial dans la réplication du bactériophage λ, et ce à deux niveaux: Tout d'abord en luttant contre l'agrégation de la protéine phagique λO, puis en participant à l'activation du complexe préprimosomal, en libérant l'hélicase DnaB de l'action inhibitrice de la protéine λP. Au vue des résultats de nos expériences, le domaine Ḅde la protéine devrait être seul responsable de ces deux actions : prévention de l'agrégation et activation de λP. Il serait intéressant de tester *in vitro* la capacité du sous domaine B de DnaK à interagir avec λP en présence de DnaJ.

VI/ Rôles des co-chaperons à hautes températures

Le fait que le domaine β de DnaK seul puisse restaurer la thermotolérance et la réplication du phage lambda dans les souches DnaK⁻, nous amène à envisager le rôle des co-chaperons DnaJ et GrpE à hautes températures et dans la réplication du λ, de manière différente. DnaJ est présumé agir en stimulant l'hydrolyse de l'ATP par fixation sur le domaine N-terminal et sur le PBD, quand à GrpE il est supposé être le facteur d'échange de l'ADP par l'ATP. En absence du domaine N-terminal ATPase de DnaK, GrpE serait théoriquement dans l'impossibilité de se fixer à DnaK, sauf s'il existe une interaction entre lui et le domaine Ḅ de DnaK. Bien que leur fonction de stimulation de l'activité ATPase de DnaK semble inutile à hautes températures et dans la multiplication du phage lambda, DnaJ et GrpE joue pourtant un rôle essentiel dans ses deux phénotypes puisque leur délétion entraîne une thermosensibilité dans la souche *dnaK103* et une résistance au phage λ. Il semblerait donc que DnaJ et GrpE soient indispensables à hautes températures et dans la réplication λ mais que leur fonction essentielle ne soit pas encore déterminée.

Dans le but de savoir si DnaJ et GrpE exercent leur fonction via une interaction stable avec le domaine B de DnaK, des expériences *in vivo* de double hybride (entre DnaK et DnaJ ou GrpE) chez *E.coli*, ou *in vitro* de chromatographie d'affinité ou d'immunoprécipitation pourraient être menées. Pour les expériences *in vivo*, nous pourrions utiliser un système de double hybride chez *E.coli* récemment développé par Stratagene ® (voir Figure 25). Nous allons devoir tout d'abord créer deux types de protéines fusion. La première sera constituée du domaine B de DnaK fusionné avec λcI le répresseur de l'opéron λ. Les secondes protéines fusion seront composées de GrpE, de DnaJ ou de polypeptides issus d'une banque génomique de l'ADN d'*E.coli* fusionnés avec le domaine N-terminal de la sous unité α de l'ARN-polymérase. Si une interaction existe entre le sous domaine B de DnaK et les autres protéines (DnaJ, GrpE ou un polypeptide issu de la banque) les gènes *His3* et *aadA,* sous contrôle de l'opéron λ, seront transcrits donnant aux bactéries compétentes choisies (Δ(*mcrA*)*183* Δ(*mcrCB-hsdSMR-mrr*)*173 endA1 hisB supE44 thi-1 recA1 gyrA96 relA1 lac* [F′ *laqIq HIS3 aadA* Kanr]) la possibilité de pousser en milieu minimum (*His3* complémentant la mutation *hisB*) et en présence de Streptomycine (donnée par l'expression du gène *aadA*). Un des gros avantages de ce système sera de voir *in vivo* si les interactions peuvent changer en fonctions des conditions cellulaires (par exemple en cas de stress thermique).

In vitro, nous pourrions fixer le sous domaine B de DnaK sur une colonne de chromatographie pour soumettre GrpE, DnaJ ou des extraits cellulaires solubles de *E.coli* à une chromatographie d'affinité.

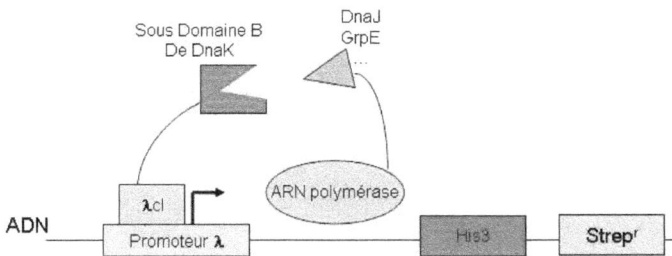

Figure 25 : Représentation schématique du système de Double Hybride que l'on pourrait employer chez E.coli.

Références Bibliographiques

Albanese, V. and Frydman, J. (2002) Where chaperones and nascent polypeptides meet. *Nat Struct Biol.* **9**: 716-718.

Alfano, C. and McMacken, R. (1988) The role of template superhelicity in the initiation of bacteriophage lambda DNA replication. *Nucleic Acids Res.* **16**: 9611-9630.

Alix, J.H. and Guerin, M.F. (1993) Mutant DnaK chaperones cause ribosome assembly defects in Escherichia coli. *Proc Natl Acad Sci U S A.* **90**: 9725-9729.

Anfinsen, C.B., Haber, E., Sela, M. and White, F.H., Jr. (1961) The kinetics of formation of native ribonuclease during oxidation of the reduced polypeptide chain. *Proc Natl Acad Sci U S A.* **47**: 1309-1314.

Ang, D. and Georgopoulos, C. (1989) The heat-shock-regulated grpE gene of Escherichia coli is required for bacterial growth at all temperatures but is dispensable in certain mutant backgrounds. *J Bacteriol.* **171**: 2748-2755.

Ballew, R.M., Sabelko, J. and Gruebele, M. (1996) Observation of distinct nanosecond and microsecond protein folding events. *Nat Struct Biol.* **3**: 923-926.

Ballinger, C.A., Connell, P., Wu, Y., Hu, Z., Thompson, L.J., Yin, L.Y. and Patterson, C. (1999) Identification of CHIP, a novel tetratricopeptide repeat-containing protein that interacts with heat shock proteins and negatively regulates chaperone functions. *Mol Cell Biol.* **19**: 4535-4545.

Banecki, B., Zylicz, M., Bertoli, E. and Tanfani, F. (1992) Structural and functional relationships in DnaK and DnaK756 heat-shock proteins from Escherichia coli. *J Biol Chem.* **267**: 25051-25058.

Banecki, B. and Zylicz, M. (1996) Real time kinetics of the DnaK/DnaJ/GrpE molecular chaperone machine action. *J Biol Chem.* **271**: 6137-6143.

Bardwell, J.C. and Craig, E.A. (1984) Major heat shock gene of Drosophila and the Escherichia coli heat-inducible dnaK gene are homologous. *Proc Natl Acad Sci U S A.* **81**: 848-852.

Beckmann, R.P., Mizzen, L.E. and Welch, W.J. (1990) Interaction of Hsp 70 with newly synthesized proteins: implications for protein folding and assembly. *Science.* **248**: 850-854.

Beissinger, M. and Buchner, J. (1998) How chaperones fold proteins. *Biol Chem.* **379**: 245-259.

Benaroudj, N., Batelier, G., Triniolles, F. and Ladjimi, M.M. (1995) Self-association of the molecular chaperone HSC70. *Biochemistry*. **34**: 15282-15290.

Benaroudj, N., Triniolles, F. and Ladjimi, M.M. (1996) Effect of nucleotides, peptides, and unfolded proteins on the self-association of the molecular chaperone HSC70. *J Biol Chem*. **271**: 18471-18476.

Benaroudj, N., Fouchaq, B. and Ladjimi, M.M. (1997) The COOH-terminal peptide binding domain is essential for self-association of the molecular chaperone HSC70. *J Biol Chem*. **272**: 8744-8751.

Blaha, G., Wilson, D.N., Stoller, G., Fischer, G., Willumeit, R. and Nierhaus, K.H. (2003) Localization of the trigger factor binding site on the ribosomal 50S subunit. *J Mol Biol*. **326**: 887-897.

Blond-Elguindi, S., Fourie, A.M., Sambrook, J.F. and Gething, M.J. (1993) Peptide-dependent stimulation of the ATPase activity of the molecular chaperone BiP is the result of conversion of oligomers to active monomers. *J Biol Chem*. **268**: 12730-12735.

Boorstein, W.R., Ziegelhoffer, T. and Craig, E.A. (1994) Molecular evolution of the HSP70 multigene family. *J Mol Evol*. **38**: 1-17.

Bork, P., Sander, C. and Valencia, A. (1992) An ATPase domain common to prokaryotic cell cycle proteins, sugar kinases, actin, and hsp70 heat shock proteins. *Proc Natl Acad Sci U S A*. **89**: 7290-7294.

Braig, K., Otwinowski, Z., Hegde, R., Boisvert, D.C., Joachimiak, A., Horwich, A.L. and Sigler, P.B. (1994) The crystal structure of the bacterial chaperonin GroEL at 2.8 A. *Nature*. **371**: 578-586.

Brehmer, D., Rudiger, S., Gassler, C.S., Klostermeier, D., Packschies, L., Reinstein, J., *et al* (2001) Tuning of chaperone activity of Hsp70 proteins by modulation of nucleotide exchange. *Nat Struct Biol*. **8**: 427-432.

Brehmer, D., Gassler, C., Rist, W., Mayer, M.P. and Bukau, B. (2004) Influence of GrpE on DnaK-substrate interactions. *J Biol Chem*. **279**: 27957-27964.

Bryngelson, J.D., Onuchic, J.N., Socci, N.D. and Wolynes, P.G. (1995) Funnels, pathways, and the energy landscape of protein folding: a synthesis. *Proteins*. **21**: 167-195.

Bucca, G., Brassington, A.M., Hotchkiss, G., Mersinias, V. and Smith, C.P. (2003) Negative feedback regulation of dnaK, clpB and lon expression by the DnaK chaperone machine in Streptomyces coelicolor, identified by transcriptome and in vivo DnaK-depletion analysis. *Mol Microbiol.* **50**: 153-166.

Buchberger, A., Schroder, H., Buttner, M., Valencia, A. and Bukau, B. (1994) A conserved loop in the ATPase domain of the DnaK chaperone is essential for stable binding of GrpE. *Nat Struct Biol.* **1**: 95-101.

Buchberger, A., Schroder, H., Hesterkamp, T., Schonfeld, H.J. and Bukau, B. (1996) Substrate shuttling between the DnaK and GroEL systems indicates a chaperone network promoting protein folding. *J Mol Biol.* **261**: 328-333.

Buchberger, A., Gassler, C.S., Buttner, M., McMacken, R. and Bukau, B. (1999) Functional defects of the DnaK756 mutant chaperone of Escherichia coli indicate distinct roles for amino- and carboxyl-terminal residues in substrate and co-chaperone interaction and interdomain communication. *J Biol Chem.* **274**: 38017-38026.

Buchner, J. (1999) Hsp90 & Co. - a holding for folding. *Trends Biochem Sci.* **24**: 136-141.

Bukau, B. and Walker, G.C. (1989) Delta dnaK52 mutants of Escherichia coli have defects in chromosome segregation and plasmid maintenance at normal growth temperatures. *J Bacteriol.* **171**: 6030-6038.

Bukau, B. (1993) Regulation of the Escherichia coli heat-shock response. *Mol Microbiol.* **9**: 671-680.

Bukau, B., Hesterkamp, T. and Luirink, J. (1996) Growing up in a dangerous environment: a network of multiple targeting and folding pathways for nascent polypeptides in the cytosol. *Trends Cell Biol.* **6**: 480-486.

Bukau, B. and Horwich, A.L. (1998) The Hsp70 and Hsp60 chaperone machines. *Cell.* **92**: 351-366.

Bukau, B., Deuerling, E., Pfund, C. and Craig, E.A. (2000) Getting newly synthesized proteins into shape. *Cell.* **101**: 119-122.

Burkholder, W.F., Zhao, X., Zhu, X., Hendrickson, W.A., Gragerov, A. and Gottesman, M.E. (1996) Mutations in the C-terminal fragment of DnaK affecting peptide binding. *Proc Natl Acad Sci U S A.* **93**: 10632-10637.

Cegielska, A. and Georgopoulos, C. (1989) Biochemical properties of the Escherichia coli dnaK heat shock protein and its mutant derivatives. *Biochimie.* **71**: 1071-1077.

Chappell, T.G., Welch, W.J., Schlossman, D.M., Palter, K.B., Schlesinger, M.J. and Rothman, J.E. (1986) Uncoating ATPase is a member of the 70 kilodalton family of stress proteins. *Cell*. **45**: 3-13.

Chappell, T.G., Konforti, B.B., Schmid, S.L. and Rothman, J.E. (1987) The ATPase core of a clathrin uncoating protein. *J Biol Chem*. **262**: 746-751.

Chattopadhyay, M.K., Kern, R., Mistou, M.Y., Dandekar, A.M., Uratsu, S.L. and Richarme, G. (2004) The chemical chaperone proline relieves the thermosensitivity of a dnaK deletion mutant at 42 degrees C. *J Bacteriol*. **186**: 8149-8152.

Cheetham, M.E. and Caplan, A.J. (1998) Structure, function and evolution of DnaJ: conservation and adaptation of chaperone function. *Cell Stress Chaperones*. **3**: 28-36.

Chevalier, M., Rhee, H., Elguindi, E.C. and Blond, S.Y. (2000) Interaction of murine BiP/GRP78 with the DnaJ homologue MTJ1. *J Biol Chem*. **275**: 19620-19627.

Chirico, W.J., Waters, M.G. and Blobel, G. (1988) 70K heat shock related proteins stimulate protein translocation into microsomes. *Nature*. **332**: 805-810.

Cowing, D.W., Bardwell, J.C., Craig, E.A., Woolford, C., Hendrix, R.W. and Gross, C.A. (1985) Consensus sequence for Escherichia coli heat shock gene promoters. *Proc Natl Acad Sci U S A*. **82**: 2679-2683.

Craig, E.A., Gambill, B.D. and Nelson, R.J. (1993) Heat shock proteins: molecular chaperones of protein biogenesis. *Microbiol Rev*. **57**: 402-414.

Crickmore, N. and Salmond, G.P. (1986) The Escherichia coli heat shock regulatory gene is immediately downstream of a cell division operon: the fam mutation is allelic with rpoH. *Mol Gen Genet*. **205**: 535-539.

De Crouy-Chanel, A., Hodges, R.S., Kohiyama, M. and Richarme, G. (1997) DnaJ potentiates the interaction between DnaK and alpha-helical peptides. *Biochem Biophys Res Commun*. **233**: 627-630.

Delaney, J.M. (1990) Requirement of the Escherichia coli dnaK gene for thermotolerance and protection against H2O2. *J Gen Microbiol*. **136**: 2113-2118.

Demand, J., Luders, J. and Hohfeld, J. (1998) The carboxy-terminal domain of Hsc70 provides binding sites for a distinct set of chaperone cofactors. *Mol Cell Biol*. **18**: 2023-2028.

Deshaies, R.J., Koch, B.D., Werner-Washburne, M., Craig, E.A. and Schekman,

R. (1988) A subfamily of stress proteins facilitates translocation of secretory and mitochondrial precursor polypeptides. *Nature.* **332**: 800-805.

Deuerling, E., Schulze-Specking, A., Tomoyasu, T., Mogk, A. and Bukau, B. (1999) Trigger factor and DnaK cooperate in folding of newly synthesized proteins. *Nature.* **400**: 693-696.

Diamant, S., Ben-Zvi, A.P., Bukau, B. and Goloubinoff, P. (2000) Size-dependent disaggregation of stable protein aggregates by the DnaK chaperone machinery. *J Biol Chem.* **275**: 21107-21113.

Dodson, M., Roberts, J., McMacken, R. and Echols, H. (1985) Specialized nucleoprotein structures at the origin of replication of bacteriophage lambda: complexes with lambda O protein and with lambda O, lambda P, and Escherichia coli DnaB proteins. *Proc Natl Acad Sci U S A.* **82**: 4678-4682.

Dodson, M., Echols, H., Wickner, S., Alfano, C., Mensa-Wilmot, K., Gomes, B., *et al* (1986) Specialized nucleoprotein structures at the origin of replication of bacteriophage lambda: localized unwinding of duplex DNA by a six-protein reaction. *Proc Natl Acad Sci U S A.* **83**: 7638-7642.

Dodson, M., McMacken, R. and Echols, H. (1989) Specialized nucleoprotein structures at the origin of replication of bacteriophage lambda. Protein association and disassociation reactions responsible for localized initiation of replication. *J Biol Chem.* **264**: 10719-10725.

Edman, J.C., Ellis, L., Blacher, R.W., Roth, R.A. and Rutter, W.J. (1985) Sequence of protein disulphide isomerase and implications of its relationship to thioredoxin. *Nature.* **317**: 267-270.

Ehrnsperger, M., Graber, S., Gaestel, M. and Buchner, J. (1997) Binding of non-native protein to Hsp25 during heat shock creates a reservoir of folding intermediates for reactivation. *Embo J.* **16**: 221-229.

El Hage, A., Sbai, M. and Alix, J.H. (2001) The chaperonin GroEL and other heat-shock proteins, besides DnaK, participate in ribosome biogenesis in Escherichia coli. *Mol Gen Genet.* **264**: 796-808.

Ellis, J. (1987) Proteins as molecular chaperones. *Nature.* **328**: 378-379.

Ellis, R.J. and Hemmingsen, S.M. (1989) Molecular chaperones: proteins essential for the biogenesis of some macromolecular structures. *Trends Biochem Sci.* **14**: 339-342.

Fischer, G., Bang, H. and Mech, C. (1984) [Determination of enzymatic catalysis for the cis-trans-isomerization of peptide binding in proline-containing peptides]. *Biomed Biochim Acta.* **43**: 1101-1111.

Fischer, G., Wittmann-Liebold, B., Lang, K., Kiefhaber, T. and Schmid, F.X. (1989) Cyclophilin and peptidyl-prolyl cis-trans isomerase are probably identical proteins. *Nature.* **337**: 476-478.

Flaherty, K.M., DeLuca-Flaherty, C. and McKay, D.B. (1990) Three-dimensional structure of the ATPase fragment of a 70K heat-shock cognate protein. *Nature.* **346**: 623-628.

Flaherty, K.M., McKay, D.B., Kabsch, W. and Holmes, K.C. (1991) Similarity of the three-dimensional structures of actin and the ATPase fragment of a 70-kDa heat shock cognate protein. *Proc Natl Acad Sci U S A.* **88**: 5041-5045.

Flynn, G.C., Chappell, T.G. and Rothman, J.E. (1989) Peptide binding and release by proteins implicated as catalysts of protein assembly. *Science.* **245**: 385-390.

Fouchaq, B., Benaroudj, N., Ebel, C. and Ladjimi, M.M. (1999) Oligomerization of the 17-kDa peptide-binding domain of the molecular chaperone HSC70. *Eur J Biochem.* **259**: 379-384.

Fourie, A.M., Sambrook, J.F. and Gething, M.J. (1994) Common and divergent peptide binding specificities of hsp70 molecular chaperones. *J Biol Chem.* **269**: 30470-30478.

Freedman, R.B., Hirst, T.R. and Tuite, M.F. (1994) Protein disulphide isomerase: building bridges in protein folding. *Trends Biochem Sci.* **19**: 331-336.

Freeman, B.C., Myers, M.P., Schumacher, R. and Morimoto, R.I. (1995) Identification of a regulatory motif in Hsp70 that affects ATPase activity, substrate binding and interaction with HDJ-1. *Embo J.* **14**: 2281-2292.

Freeman, B.C. and Morimoto, R.I. (1996) The human cytosolic molecular chaperones hsp90, hsp70 (hsc70) and hdj-1 have distinct roles in recognition of a non-native protein and protein refolding. *Embo J.* **15**: 2969-2979.

Frydman, J., Nimmesgern, E., Erdjument-Bromage, H., Wall, J.S., Tempst, P. and Hartl, F.U. (1992) Function in protein folding of TRiC, a cytosolic ring complex containing TCP-1 and structurally related subunits. *Embo J.* **11**: 4767-4778.

Frydman, J. and Hartl, F.U. (1996) Principles of chaperone-assisted protein folding: differences between in vitro and in vivo mechanisms. *Science.* **272**: 1497-1502.

Gamer, J., Bujard, H. and Bukau, B. (1992) Physical interaction between heat shock proteins DnaK, DnaJ, and GrpE and the bacterial heat shock transcription factor sigma 32. *Cell.* **69**: 833-842.

Gao, Y., Thomas, J.O., Chow, R.L., Lee, G.H. and Cowan, N.J. (1992) A cytoplasmic chaperonin that catalyzes beta-actin folding. *Cell.* **69**: 1043-1050.

Gao, B., Greene, L. and Eisenberg, E. (1994) Characterization of nucleotide-free uncoating ATPase and its binding to ATP, ADP, and ATP analogues. *Biochemistry.* **33**: 2048-2054.

Gao, B., Eisenberg, E. and Greene, L. (1996) Effect of constitutive 70-kDa heat shock protein polymerization on its interaction with protein substrate. *J Biol Chem.* **271**: 16792-16797.

Gebauer, M., Zeiner, M. and Gehring, U. (1997) Proteins interacting with the molecular chaperone hsp70/hsc70: physical associations and effects on refolding activity. *FEBS Lett.* **417**: 109-113.

Georgopoulos, C.P. (1971) Bacterial mutants in which the gene N function of bacteriophage lambda is blocked have an altered RNA polymerase. *Proc Natl Acad Sci U S A.* **68**: 2977-2981.

Georgopoulos, C.P. (1977) A new bacterial gene (groPC) which affects lambda DNA replication. *Mol Gen Genet.* **151**: 35-39.

Georgopoulos, C., Liberek, K., Zylicz, M. and Ang, D. (1994) Properties of the heat shock proteins of *Escherichia coli* and the autoregulation of the heat shock reponse. *cold Spring Harbor Laboratory Press.* **The biology of the heat shock proteins and molecular chaperones**: 209-249.

Gething, M.J. (1997) Protein folding. The difference with prokaryotes. *Nature.* **388**: 329, 331.

Gilbert, H.F. (1997) Protein disulfide isomerase and assisted protein folding. *J Biol Chem.* **272**: 29399-29402.

Goldberger, R.F., Epstein, C.J. and Anfinsen, C.B. (1963) Acceleration of reactivation of reduced bovine pancreatic ribonuclease by a microsomal system from rat liver. *J Biol Chem.* **238**: 628-635.

Goloubinoff, P., Mogk, A., Zvi, A.P., Tomoyasu, T. and Bukau, B. (1999) Sequential mechanism of solubilization and refolding of stable protein aggregates by a bichaperone network. *Proc Natl Acad Sci U S A.* **96**: 13732-13737.

Gottesman, S., Clark, W.P., de Crecy-Lagard, V. and Maurizi, M.R. (1993) ClpX, an alternative subunit for the ATP-dependent Clp protease of Escherichia coli. Sequence and in vivo activities. *J Biol Chem.* **268**: 22618-22626.

Gragerov, A., Nudler, E., Komissarova, N., Gaitanaris, G.A., Gottesman, M.E. and Nikiforov, V. (1992) Cooperation of GroEL/GroES and DnaK/DnaJ heat shock proteins in preventing protein misfolding in Escherichia coli. *Proc Natl Acad Sci U S A.* **89**: 10341-10344.

Gragerov, A., Zeng, L., Zhao, X., Burkholder, W. and Gottesman, M.E. (1994) Specificity of DnaK-peptide binding. *J Mol Biol.* **235**: 848-854.

Gragerov, A. and Gottesman, M.E. (1994) Different peptide binding specificities of hsp70 family members. *J Mol Biol.* **241**: 133-135.

Greene, L.E., Zinner, R., Naficy, S. and Eisenberg, E. (1995) Effect of nucleotide on the binding of peptides to 70-kDa heat shock protein. *J Biol Chem.* **270**: 2967-2973.

Grimshaw, J.P., Jelesarov, I., Schonfeld, H.J. and Christen, P. (2001) Reversible thermal transition in GrpE, the nucleotide exchange factor of the DnaK heat-shock system. *J Biol Chem.* **276**: 6098-6104.

Grimshaw, J.P., Jelesarov, I., Siegenthaler, R.K. and Christen, P. (2003) Thermosensor action of GrpE. The DnaK chaperone system at heat shock temperatures. *J Biol Chem.* **278**: 19048-19053.

Gross, M. and Hessefort, S. (1996) Purification and characterization of a 66-kDa protein from rabbit reticulocyte lysate which promotes the recycling of hsp 70. *J Biol Chem.* **271**: 16833-16841.

Harding, M.W., Galat, A., Uehling, D.E. and Schreiber, S.L. (1989) A receptor for the immunosuppressant FK506 is a cis-trans peptidyl-prolyl isomerase. *Nature.* **341**: 758-760.

Harrison, C.J., Hayer-Hartl, M., Di Liberto, M., Hartl, F. and Kuriyan, J. (1997) Crystal structure of the nucleotide exchange factor GrpE bound to the ATPase domain of the molecular chaperone DnaK. *Science.* **276**: 431-435.

Hartl, F.U. (1996) Molecular chaperones in cellular protein folding. *Nature.* **381**: 571-579.

Haslbeck, M. (2002) sHsps and their role in the chaperone network. *Cell Mol Life Sci.* **59**: 1649-1657.

Hayes, S.A. and Dice, J.F. (1996) Roles of molecular chaperones in protein degradation. *J Cell Biol.* **132**: 255-258.

Hemmingsen, S.M., Woolford, C., van der Vies, S.M., Tilly, K., Dennis, D.T., Georgopoulos, C.P., *et al* (1988) Homologous plant and bacterial proteins chaperone oligomeric protein assembly. *Nature.* **333**: 330-334.

Hendrick, J.P. and Hartl, F.U. (1993) Molecular chaperone functions of heat-shock proteins. *Annu Rev Biochem.* **62**: 349-384.

Hendrick, J.P., Langer, T., Davis, T.A., Hartl, F.U. and Wiedmann, M. (1993) Control of folding and membrane translocation by binding of the chaperone DnaJ to nascent polypeptides. *Proc Natl Acad Sci U S A.* **90**: 10216-10220.

Henics, T., Nagy, E., Oh, H.J., Csermely, P., von Gabain, A. and Subjeck, J.R. (1999) Mammalian Hsp70 and Hsp110 proteins bind to RNA motifs involved in mRNA stability. *J Biol Chem.* **274**: 17318-17324.

Herendeen, S.L., VanBogelen, R.A. and Neidhardt, F.C. (1979) Levels of major proteins of Escherichia coli during growth at different temperatures. *J Bacteriol.* **139**: 185-194.

Herman, C., Thevenet, D., D'Ari, R. and Bouloc, P. (1995) Degradation of sigma 32, the heat shock regulator in Escherichia coli, is governed by HflB. *Proc Natl Acad Sci U S A.* **92**: 3516-3520.

Hesterkamp, T., Hauser, S., Lutcke, H. and Bukau, B. (1996) Escherichia coli trigger factor is a prolyl isomerase that associates with nascent polypeptide chains. *Proc Natl Acad Sci U S A.* **93**: 4437-4441.

Hesterkamp, T., Deuerling, E. and Bukau, B. (1997) The amino-terminal 118 amino acids of Escherichia coli trigger factor constitute a domain that is necessary and sufficient for binding to ribosomes. *J Biol Chem.* **272**: 21865-21871.

Hesterkamp, T. and Bukau, B. (1998) Role of the DnaK and HscA homologs of Hsp70 chaperones in protein folding in E.coli. *Embo J.* **17**: 4818-4828.

Hiromura, M., Yano, M., Mori, H., Inoue, M. and Kido, H. (1998) Intrinsic ADP-ATP exchange activity is a novel function of the molecular chaperone, Hsp70. *J Biol Chem.* **273**: 5435-5438.

Hohfeld, J., Minami, Y. and Hartl, F.U. (1995) Hip, a novel cochaperone involved in the eukaryotic Hsc70/Hsp40 reaction cycle. *Cell.* **83**: 589-598.

Hohfeld, J., Minami, Y. and Hartl, F.U. (1995) Hip, a novel cochaperone involved in the eukaryotic Hsc70/Hsp40 reaction cycle. *Cell*. **83**: 589-598.

Hohfeld, J. and Jentsch, S. (1997) GrpE-like regulation of the hsc70 chaperone by the anti-apoptotic protein BAG-1. *Embo J*. **16**: 6209-6216.

Horwitz, J. (1992) Alpha-crystallin can function as a molecular chaperone. *Proc Natl Acad Sci U S A*. **89**: 10449-10453.

Houry, W.A., Frishman, D., Eckerskorn, C., Lottspeich, F. and Hartl, F.U. (1999) Identification of in vivo substrates of the chaperonin GroEL. *Nature*. **402**: 147-154.

Hunt, J.F., Weaver, A.J., Landry, S.J., Gierasch, L. and Deisenhofer, J. (1996) The crystal structure of the GroES co-chaperonin at 2.8 A resolution. *Nature*. **379**: 37-45.

Ingolia, T.D. and Craig, E.A. (1982) Drosophila gene related to the major heat shock-induced gene is transcribed at normal temperatures and not induced by heat shock. *Proc Natl Acad Sci U S A*. **79**: 525-529.

Itikawa, H., Wada, M., Sekine, K. and Fujita, H. (1989) Phosphorylation of glutaminyl-tRNA synthetase and threonyl-tRNA synthetase by the gene products of dnaK and dnaJ in Escherichia coli K-12 cells. *Biochimie*. **71**: 1079-1087.

Itoh, T., Matsuda, H. and Mori, H. (1999) Phylogenetic analysis of the third hsp70 homolog in Escherichia coli; a novel member of the Hsc66 subfamily and its possible co-chaperone. *DNA Res*. **6**: 299-305.

Jaenicke, R. (1987) Folding and association of proteins. *Prog Biophys Mol Biol*. **49**: 117-237.

James, P., Pfund, C. and Craig, E.A. (1997) Functional specificity among Hsp70 molecular chaperones. *Science*. **275**: 387-389.

Jiang, J., Lafer, E.M. and Sousa, R. (2006) Crystallization of a functionally intact Hsc70 chaperone. *Acta Crystallograph Sect F Struct Biol Cryst Commun*. **62**: 39-43.

Kaguni, J.M. and Kornberg, A. (1984) Replication initiated at the origin (oriC) of the E. coli chromosome reconstituted with purified enzymes. *Cell*. **38**: 183-190.

Katayama, Y., Gottesman, S., Pumphrey, J., Rudikoff, S., Clark, W.P. and Maurizi, M.R. (1988) The two-component, ATP-dependent Clp protease of Escherichia coli. Purification, cloning, and mutational analysis of the ATP-binding component. *J Biol Chem*. **263**: 15226-15236.

Kawula, T.H. and Lelivelt, M.J. (1994) Mutations in a gene encoding a new Hsp70 suppress rapid DNA inversion and bgl activation, but not proU derepression, in hns-1 mutant Escherichia coli. *J Bacteriol*. **176**: 610-619.

Keller, J.A. and Simon, L.D. (1988) Divergent effects of a dnaK mutation on abnormal protein degradation in Escherichia coli. *Mol Microbiol*. **2**: 31-41.

Kessel, M., Wu, W., Gottesman, S., Kocsis, E., Steven, A.C. and Maurizi, M.R. (1996) Six-fold rotational symmetry of ClpQ, the E. coli homolog of the 20S proteasome, and its ATP-dependent activator, ClpY. *FEBS Lett*. **398**: 274-278.

Kiefhaber, T., Rudolph, R., Kohler, H.H. and Buchner, J. (1991) Protein aggregation in vitro and in vivo: a quantitative model of the kinetic competition between folding and aggregation. *Biotechnology (N Y)*. **9**: 825-829.

Kim, P.S. and Baldwin, R.L. (1982) Specific intermediates in the folding reactions of small proteins and the mechanism of protein folding. *Annu Rev Biochem*. **51**: 459-489.

Kimura, Y., Yahara, I. and Lindquist, S. (1995) Role of the protein chaperone YDJ1 in establishing Hsp90-mediated signal transduction pathways. *Science*. **268**: 1362-1365.

Konieczny, I. and Marszalek, J. (1995) The requirement for molecular chaperones in lambda DNA replication is reduced by the mutation pi in lambda P gene, which weakens the interaction between lambda P protein and DnaB helicase. *J Biol Chem*. **270**: 9792-9799.

Kramer, G., Rauch, T., Rist, W., Vorderwulbecke, S., Patzelt, H., Schulze-Specking, A., *et al* (2002) L23 protein functions as a chaperone docking site on the ribosome. *Nature*. **419**: 171-174.

Krzewska, J., Langer, T. and Liberek, K. (2001) Mitochondrial Hsp78, a member of the Clp/Hsp100 family in Saccharomyces cerevisiae, cooperates with Hsp70 in protein refolding. *FEBS Lett*. **489**: 92-96.

Kudlicki, W., Odom, O.W., Kramer, G., Hardesty, B., Merrill, G.A. and Horowitz, P.M. (1995) The importance of the N-terminal segment for DnaJ-mediated folding of rhodanese while bound to ribosomes as peptidyl-tRNA. *J Biol Chem*. **270**: 10650-10657.

Kuwajima, K. (1989) The molten globule state as a clue for understanding the folding and cooperativity of globular-protein structure. *Proteins*. **6**: 87-103.

Landick, R., Vaughn, V., Lau, E.T., VanBogelen, R.A., Erickson, J.W. and Neidhardt, F.C. (1984) Nucleotide sequence of the heat shock regulatory gene of E. coli suggests its protein product may be a transcription factor. *Cell.* **38**: 175-182.

Landry, S.J., Jordan, R., McMacken, R. and Gierasch, L.M. (1992) Different conformations for the same polypeptide bound to chaperones DnaK and GroEL. *Nature.* **355**: 455-457.

Langer, T., Lu, C., Echols, H., Flanagan, J., Hayer, M.K. and Hartl, F.U. (1992) Successive action of DnaK, DnaJ and GroEL along the pathway of chaperone-mediated protein folding. *Nature.* **356**: 683-689.

Laskowska, E., Kuczynska-Wisnik, D., Skorko-Glonek, J. and Taylor, A. (1996) Degradation by proteases Lon, Clp and HtrA, of Escherichia coli proteins aggregated in vivo by heat shock; HtrA protease action in vivo and in vitro. *Mol Microbiol.* **22**: 555-571.

Learn, B., Karzai, A.W. and McMacken, R. (1993) Transcription stimulates the establishment of bidirectional lambda DNA replication in vitro. *Cold Spring Harb Symp Quant Biol.* **58**: 389-402.

Lee, G.J., Roseman, A.M., Saibil, H.R. and Vierling, E. (1997) A small heat shock protein stably binds heat-denatured model substrates and can maintain a substrate in a folding-competent state. *Embo J.* **16**: 659-671.

Lee, H.C. and Bernstein, H.D. (2002) Trigger factor retards protein export in Escherichia coli. *J Biol Chem.* **277**: 43527-43535.
Levinthal, C. (1966) Molecular model-building by computer. *Sci Am.* **214**: 42-52.

Lewis, M.J. and Pelham, H.R. (1985) Involvement of ATP in the nuclear and nucleolar functions of the 70 kd heat shock protein. *Embo J.* **4**: 3137-3143.

Li, G.C., Li, L., Liu, R.Y., Rehman, M. and Lee, W.M. (1992) Heat shock protein hsp70 protects cells from thermal stress even after deletion of its ATP-binding domain. *Proc Natl Acad Sci U S A.* **89**: 2036-2040.

Liberek, K., Georgopoulos, C. and Zylicz, M. (1988) Role of the Escherichia coli DnaK and DnaJ heat shock proteins in the initiation of bacteriophage lambda DNA replication. *Proc Natl Acad Sci U S A.* **85**: 6632-6636.

Liberek, K., Marszalek, J., Ang, D., Georgopoulos, C. and Zylicz, M. (1991) Escherichia coli DnaJ and GrpE heat shock proteins jointly stimulate ATPase activity of DnaK. *Proc Natl Acad Sci U S A.* **88**: 2874-2878.

Liberek, K., Galitski, T.P., Zylicz, M. and Georgopoulos, C. (1992) The DnaK chaperone modulates the heat shock response of Escherichia coli by binding to the sigma 32 transcription factor. *Proc Natl Acad Sci U S A.* **89**: 3516-3520.

Liberek, K., Wall, D. and Georgopoulos, C. (1995) The DnaJ chaperone catalytically activates the DnaK chaperone to preferentially bind the sigma 32 heat shock transcriptional regulator. *Proc Natl Acad Sci U S A.* **92**: 6224-6228.

Lill, R., Crooke, E., Guthrie, B. and Wickner, W. (1988) The "trigger factor cycle" includes ribosomes, presecretory proteins, and the plasma membrane. *Cell.* **54**: 1013-1018.

Mallory, J.B., Alfano, C. and McMacken, R. (1990) Host virus interactions in the initiation of bacteriophage lambda DNA replication. Recruitment of Escherichia coli DnaB helicase by lambda P replication protein. *J Biol Chem.* **265**: 13297-13307.

Mande, S.C., Mehra, V., Bloom, B.R. and Hol, W.G. (1996) Structure of the heat shock protein chaperonin-10 of Mycobacterium leprae. *Science.* **271**: 203-207.

Marszalek, J. and Kaguni, J.M. (1994) DnaA protein directs the binding of DnaB protein in initiation of DNA replication in Escherichia coli. *J Biol Chem.* **269**: 4883-4890.

Matsunaga, F., Ishiai, M., Kobayashi, G., Uga, H., Yura, T. and Wada, C. (1997) The central region of RepE initiator protein of mini-F plasmid plays a crucial role in dimerization required for negative replication control. *J Mol Biol.* **274**: 27-38.

Mayer, M.P., Schroder, H., Rudiger, S., Paal, K., Laufen, T. and Bukau, B. (2000) Multistep mechanism of substrate binding determines chaperone activity of Hsp70. *Nat Struct Biol.* **7**: 586-593.

McKay, D.B., Wilbanks, S.M., Flaherty, K.M., Ha, J-H. O'Brien, M.C. and Shirvanee, L. (1994) Stress-70 proteins and their interaction with nucleotides. *Cold Spring Harbor Laboratory Press.* **The biology of the heat shock protein and molecular chaperones**: 335-373.

Mecsas, J., Rouviere, P.E., Erickson, J.W., Donohue, T.J. and Gross, C.A. (1993) The activity of sigma E, an Escherichia coli heat-inducible sigma-factor, is modulated by expression of outer membrane proteins. *Genes Dev.* **7**: 2618-2628.

Meury, J. and Kohiyama, M. (1991) Role of heat shock protein DnaK in osmotic adaptation of Escherichia coli. *J Bacteriol.* **173**: 4404-4410.

Miczak, A., Kaberdin, V.R., Wei, C.L. and Lin-Chao, S. (1996) Proteins associated with RNase E in a multicomponent ribonucleolytic complex. *Proc Natl Acad Sci U S A*. **93**: 3865-3869.

Mogk, A., Tomoyasu, T., Goloubinoff, P., Rudiger, S., Roder, D., Langen, H. and Bukau, B. (1999) Identification of thermolabile Escherichia coli proteins: prevention and reversion of aggregation by DnaK and ClpB. *Embo J*. **18**: 6934-6949.

Mogk, A., Bukau, B., Lutz, R. and Schumann, W. (1999) Construction and analysis of hybrid Escherichia coli-Bacillus subtilis dnaK genes. *J Bacteriol*. **181**: 1971-1974.

Morita, M., Kanemori, M., Yanagi, H. and Yura, T. (1999) Heat-induced synthesis of sigma32 in Escherichia coli: structural and functional dissection of rpoH mRNA secondary structure. *J Bacteriol*. **181**: 401-410.

Moro, F., Fernandez-Saiz, V. and Muga, A. (2004) The lid subdomain of DnaK is required for the stabilization of the substrate-binding site. *J Biol Chem*. **279**: 19600-19606.

Morshauser, R.C., Hu, W., Wang, H., Pang, Y., Flynn, G.C. and Zuiderweg, E.R. (1999) High-resolution solution structure of the 18 kDa substrate-binding domain of the mammalian chaperone protein Hsc70. *J Mol Biol*. **289**: 1387-1403.

Msadek, T., Kunst, F. and Rapoport, G. (1994) MecB of Bacillus subtilis, a member of the ClpC ATPase family, is a pleiotropic regulator controlling competence gene expression and growth at high temperature. *Proc Natl Acad Sci U S A*. **91**: 5788-5792.

Muffler, A., Barth, M., Marschall, C. and Hengge-Aronis, R. (1997) Heat shock regulation of sigmaS turnover: a role for DnaK and relationship between stress responses mediated by sigmaS and sigma32 in Escherichia coli. *J Bacteriol*. **179**: 445-452.

Nagai, H., Yuzawa, H. and Yura, T. (1991) Interplay of two cis-acting mRNA regions in translational control of sigma 32 synthesis during the heat shock response of Escherichia coli. *Proc Natl Acad Sci U S A*. **88**: 10515-10519.

Nagai, H., Yuzawa, H., Kanemori, M. and Yura, T. (1994) A distinct segment of the sigma 32 polypeptide is involved in DnaK-mediated negative control of the heat shock response in Escherichia coli. *Proc Natl Acad Sci U S A*. **91**: 10280-10284.

Nathan, D.F., Vos, M.H. and Lindquist, S. (1997) In vivo functions of the Saccharomyces cerevisiae Hsp90 chaperone. *Proc Natl Acad Sci U S A.* **94**: 12949-12956.

Neidhardt, F.C. and VanBogelen, R.A. (1981) Positive regulatory gene for temperature-controlled proteins in Escherichia coli. *Biochem Biophys Res Commun.* **100**: 894-900.

Neidhardt, F.C., VanBogelen, R.A. and Lau, E.T. (1983) Molecular cloning and expression of a gene that controls the high-temperature regulon of Escherichia coli. *J Bacteriol.* **153**: 597-603.

Nicola, A.V., Chen, W. and Helenius, A. (1999) Co-translational folding of an alphavirus capsid protein in the cytosol of living cells. *Nat Cell Biol.* **1**: 341-345.

Nicolet, C.M. and Craig, E.A. (1991) Functional analysis of a conserved amino-terminal region of HSP70 by site-directed mutagenesis. *Yeast.* **7**: 699-716.

Ogata, Y., Mizushima, T., Kataoka, K., Kita, K., Miki, T. and Sekimizu, K. (1996) DnaK heat shock protein of Escherichia coli maintains the negative supercoiling of DNA against thermal stress. *J Biol Chem.* **271**: 29407-29414.

Palleros, D.R., Reid, K.L., McCarty, J.S., Walker, G.C. and Fink, A.L. (1992) DnaK, hsp73, and their molten globules. Two different ways heat shock proteins respond to heat. *J Biol Chem.* **267**: 5279-5285.

Palleros, D.R., Reid, K.L., Shi, L. and Fink, A.L. (1993) DnaK ATPase activity revisited. *FEBS Lett.* **336**: 124-128.

Panagiotidis, C.A., Burkholder, W.F., Gaitanaris, G.A., Gragerov, A., Gottesman, M.E. and Silverstein, S.J. (1994) Inhibition of DnaK autophosphorylation by heat shock proteins and polypeptide substrates. *J Biol Chem.* **269**: 16643-16647.

Parsell, D.A., Kowal, A.S., Singer, M.A. and Lindquist, S. (1994) Protein disaggregation mediated by heat-shock protein Hsp104. *Nature.* **372**: 475-478.

Pearl, L.H. and Prodromou, C. (2000) Structure and in vivo function of Hsp90. *Curr Opin Struct Biol.* **10**: 46-51.

Pelham, H.R. (1986) Speculations on the functions of the major heat shock and glucose-regulated proteins. *Cell.* **46**: 959-961.

Pierpaoli, E.V., Gisler, S.M. and Christen, P. (1998) Sequence-specific rates of interaction of target peptides with the molecular chaperones DnaK and DnaJ. *Biochemistry.* **37**: 16741-16748.

Ptitsyn, O.B. (1991) How does protein synthesis give rise to the 3D-structure? *FEBS Lett.* **285**: 176-181.

Rahfeld, J.U., Rucknagel, K.P., Schelbert, B., Ludwig, B., Hacker, J., Mann, K. and Fischer, G. (1994) Confirmation of the existence of a third family among peptidyl-prolyl cis/trans isomerases. Amino acid sequence and recombinant production of parvulin. *FEBS Lett.* **352**: 180-184.

Raina, S., Missiakas, D. and Georgopoulos, C. (1995) The rpoE gene encoding the sigma E (sigma 24) heat shock sigma factor of Escherichia coli. *Embo J.* **14**: 1043-1055.

Richarme, G. and Kohiyama, M. (1993) Specificity of the Escherichia coli chaperone DnaK (70-kDa heat shock protein) for hydrophobic amino acids. *J Biol Chem.* **268**: 24074-24077.

Ritossa, F. (1962) A new puffing pattern induced by temperature shock and DPN in Drosophila. *Experienta.* **18**: 571-573.

Rockabrand, D., Arthur, T., Korinek, G., Livers, K. and Blum, P. (1995) An essential role for the Escherichia coli DnaK protein in starvation-induced thermotolerance, H2O2 resistance, and reductive division. *J Bacteriol.* **177**: 3695-3703.

Rockabrand, D., Livers, K., Austin, T., Kaiser, R., Jensen, D., Burgess, R. and Blum, P. (1998) Roles of DnaK and RpoS in starvation-induced thermotolerance of Escherichia coli. *J Bacteriol.* **180**: 846-854.

Rudiger, S., Germeroth, L., Schneider-Mergener, J. and Bukau, B. (1997) Substrate specificity of the DnaK chaperone determined by screening cellulose-bound peptide libraries. *Embo J.* **16**: 1501-1507.

Rudiger, S., Mayer, M.P., Schneider-Mergener, J. and Bukau, B. (2000) Modulation of substrate specificity of the DnaK chaperone by alteration of a hydrophobic arch. *J Mol Biol.* **304**: 245-251.

Russell, R., Wali Karzai, A., Mehl, A.F. and McMacken, R. (1999) DnaJ dramatically stimulates ATP hydrolysis by DnaK: insight into targeting of Hsp70 proteins to polypeptide substrates. *Biochemistry.* **38**: 4165-4176.

Sadis, S. and Hightower, L.E. (1992) Unfolded proteins stimulate molecular chaperone Hsc70 ATPase by accelerating ADP/ATP exchange. *Biochemistry.* **31**: 9406-9412.

Saibil, H. (1996) The lid that shapes the pot: structure and function of the chaperonin GroES. *Structure*. **4**: 1-4.

Saito, H. and Uchida, H. (1977) Initiation of the DNA replication of bacteriophage lambda in Escherichia coli K12. *J Mol Biol*. **113**: 1-25.

Sakakibara, Y. (1988) The dnaK gene of Escherichia coli functions in initiation of chromosome replication. *J Bacteriol*. **170**: 972-979.

Sanchez, Y. and Lindquist, S.L. (1990) HSP104 required for induced thermotolerance. *Science*. **248**: 1112-1115.

Sanchez, Y., Taulien, J., Borkovich, K.A. and Lindquist, S. (1992) Hsp104 is required for tolerance to many forms of stress. *Embo J*. **11**: 2357-2364.

Sbai, M. and Alix, J.H. (1998) DnaK-dependent ribosome biogenesis in Escherichia coli: competition for dominance between the alleles dnaK756 and dnaK+. *Mol Gen Genet*. **260**: 199-206.

Scheibel, T., Weikl, T. and Buchner, J. (1998) Two chaperone sites in Hsp90 differing in substrate specificity and ATP dependence. *Proc Natl Acad Sci U S A*. **95**: 1495-1499.

Schilke, B., Forster, J., Davis, J., James, P., Walter, W., Laloraya, S., *et al* (1996) The cold sensitivity of a mutant of Saccharomyces cerevisiae lacking a mitochondrial heat shock protein 70 is suppressed by loss of mitochondrial DNA. *J Cell Biol*. **134**: 603-613.

Schirmer, E.C., Glover, J.R., Singer, M.A. and Lindquist, S. (1996) HSP100/Clp proteins: a common mechanism explains diverse functions. *Trends Biochem Sci*. **21**: 289-296.

Schlieker, C., Bukau, B. and Mogk, A. (2002) Prevention and reversion of protein aggregation by molecular chaperones in the E. coli cytosol: implications for their applicability in biotechnology. *J Biotechnol*. **96**: 13-21.

Schmid, D., Baici, A., Gehring, H. and Christen, P. (1994) Kinetics of molecular chaperone action. *Science*. **263**: 971-973.

Schnos, M., Zahn, K., Inman, R.B. and Blattner, F.R. (1988) Initiation protein induced helix destabilization at the lambda origin: a prepriming step in DNA replication. *Cell*. **52**: 385-395.

Schonfeld, H.J., Schmidt, D., Schroder, H. and Bukau, B. (1995) The DnaK chaperone system of Escherichia coli: quaternary structures and interactions of the DnaK and GrpE components. *J Biol Chem.* **270**: 2183-2189.

Schroder, H., Langer, T., Hartl, F.U. and Bukau, B. (1993) DnaK, DnaJ and GrpE form a cellular chaperone machinery capable of repairing heat-induced protein damage. *Embo J.* **12**: 4137-4144.

Seaton, B.L. and Vickery, L.E. (1994) A gene encoding a DnaK/hsp70 homolog in Escherichia coli. *Proc Natl Acad Sci U S A.* **91**: 2066-2070.

Shi, W., Zhou, Y., Wild, J., Adler, J. and Gross, C.A. (1992) DnaK, DnaJ, and GrpE are required for flagellum synthesis in Escherichia coli. *J Bacteriol.* **174**: 6256-6263.

Shi, L., Kataoka, M. and Fink, A.L. (1996) Conformational characterization of DnaK and its complexes by small-angle X-ray scattering. *Biochemistry.* **35**: 3297-3308.

Skowyra, D., Georgopoulos, C. and Zylicz, M. (1990) The E. coli dnaK gene product, the hsp70 homolog, can reactivate heat-inactivated RNA polymerase in an ATP hydrolysis-dependent manner. *Cell.* **62**: 939-944.

Skowyra, D. and Wickner, S. (1995) GrpE alters the affinity of DnaK for ATP and Mg2+. Implications for the mechanism of nucleotide exchange. *J Biol Chem.* **270**: 26282-26285.
Sondermann, H., Scheufler, C., Schneider, C., Hohfeld, J., Hartl, F.U. and Moarefi, I. (2001) Structure of a Bag/Hsc70 complex: convergent functional evolution of Hsp70 nucleotide exchange factors. *Science.* **291**: 1553-1557.

Spence, J., Cegielska, A. and Georgopoulos, C. (1990) Role of Escherichia coli heat shock proteins DnaK and HtpG (C62.5) in response to nutritional deprivation. *J Bacteriol.* **172**: 7157-7166.

Sriram, M., Osipiuk, J., Freeman, B., Morimoto, R. and Joachimiak, A. (1997) Human Hsp70 molecular chaperone binds two calcium ions within the ATPase domain. *Structure.* **5**: 403-414.

Stebbins, C.E., Russo, A.A., Schneider, C., Rosen, N., Hartl, F.U. and Pavletich, N.P. (1997) Crystal structure of an Hsp90-geldanamycin complex: targeting of a protein chaperone by an antitumor agent. *Cell.* **89**: 239-250.

Stoller, G., Tradler, T., Rucknagel, K.P., Rahfeld, J.U. and Fischer, G. (1996) An 11.8 kDa proteolytic fragment of the E. coli trigger factor represents the domain carrying the peptidyl-prolyl cis/trans isomerase activity. *FEBS Lett.* **384**: 117-122.

Storz, G. (1999) An RNA thermometer. *Genes Dev.* **13**: 633-636.

Straus, D.B., Walter, W.A. and Gross, C.A. (1987) The heat shock response of E. coli is regulated by changes in the concentration of sigma 32. *Nature.* **329**: 348-351.

Straus, D.B., Walter, W.A. and Gross, C.A. (1989) The activity of sigma 32 is reduced under conditions of excess heat shock protein production in Escherichia coli. *Genes Dev.* **3**: 2003-2010.

Straus, D., Walter, W. and Gross, C.A. (1990) DnaK, DnaJ, and GrpE heat shock proteins negatively regulate heat shock gene expression by controlling the synthesis and stability of sigma 32. *Genes Dev.* **4**: 2202-2209.

Suppini, J.P., Amor, M., Alix, J.H. and Ladjimi, M.M. (2004) Complementation of an Escherichia coli DnaK defect by Hsc70-DnaK chimeric proteins. *J Bacteriol.* **186**: 6248-6253.

Takayama, S., Bimston, D.N., Matsuzawa, S., Freeman, B.C., Aime-Sempe, C., Xie, Z., *et al* (1997) BAG-1 modulates the chaperone activity of Hsp70/Hsc70. *Embo J.* **16**: 4887-4896.

Takeda, S. and McKay, D.B. (1996) Kinetics of peptide binding to the bovine 70 kDa heat shock cognate protein, a molecular chaperone. *Biochemistry.* **35**: 4636-4644.

Takenaka, I.M., Leung, S.M., McAndrew, S.J., Brown, J.P. and Hightower, L.E. (1995) Hsc70-binding peptides selected from a phage display peptide library that resemble organellar targeting sequences. *J Biol Chem.* **270**: 19839-19844.

Taylor, K. and Wegrzyn, G. (1995) Replication of coliphage lambda DNA. *FEMS Microbiol Rev.* **17**: 109-119.

Teter, S.A., Houry, W.A., Ang, D., Tradler, T., Rockabrand, D., Fischer, G., *et al* (1999) Polypeptide flux through bacterial Hsp70: DnaK cooperates with trigger factor in chaperoning nascent chains. *Cell.* **97**: 755-765.

Theyssen, H., Schuster, H.P., Packschies, L., Bukau, B. and Reinstein, J. (1996) The second step of ATP binding to DnaK induces peptide release. *J Mol Biol.* **263**: 657-670.

Tilly, K., Spence, J. and Georgopoulos, C. (1989) Modulation of stability of the Escherichia coli heat shock regulatory factor sigma. *J Bacteriol.* **171**: 1585-1589.

Tomoyasu, T., Gamer, J., Bukau, B., Kanemori, M., Mori, H., Rutman, A.J., *et al* (1995) Escherichia coli FtsH is a membrane-bound, ATP-dependent protease which degrades the heat-shock transcription factor sigma 32. *Embo J.* **14**: 2551-2560.

Tomoyasu, T., Ogura, T., Tatsuta, T. and Bukau, B. (1998) Levels of DnaK and DnaJ provide tight control of heat shock gene expression and protein repair in Escherichia coli. *Mol Microbiol.* **30**: 567-581.

Tomoyasu, T., Mogk, A., Langen, H., Goloubinoff, P. and Bukau, B. (2001) Genetic dissection of the roles of chaperones and proteases in protein folding and degradation in the Escherichia coli cytosol. *Mol Microbiol.* **40**: 397-413.

Tsurimoto, T. and Matsubara, K. (1981) Purified bacteriophage lambda O protein binds to four repeating sequences at the lambda replication origin. *Nucleic Acids Res.* **9**: 1789-1799.

Valent, Q.A., Kendall, D.A., High, S., Kusters, R., Oudega, B. and Luirink, J. (1995) Early events in preprotein recognition in E. coli: interaction of SRP and trigger factor with nascent polypeptides. *Embo J.* **14**: 5494-5505.

Venetianer, P. and Straub, F.B. (1963) The enzymic reactivation of reduced ribonuclease. *Biochim Biophys Acta.* **67**: 166-168.

Vickery, L.E., Silberg, J.J. and Ta, D.T. (1997) Hsc66 and Hsc20, a new heat shock cognate molecular chaperone system from Escherichia coli. *Protein Sci.* **6**: 1047-1056.

Wada, M., Sekine, K. and Itikawa, H. (1986) Participation of the dnaK and dnaJ gene products in phosphorylation of glutaminyl-tRNA synthetase and threonyl-tRNA synthetase of Escherichia coli K-12. *J Bacteriol.* **168**: 213-220.

Wall, D., Zylicz, M. and Georgopoulos, C. (1994) The NH2-terminal 108 amino acids of the Escherichia coli DnaJ protein stimulate the ATPase activity of DnaK and are sufficient for lambda replication. *J Biol Chem.* **269**: 5446-5451.

Wang, C. and Lee, M.R. (1993) High-level expression of soluble rat hsc70 in Escherichia coli: purification and characterization of the cloned enzyme. *Biochem J.* **294 (Pt 1)**: 69-77.

Wang, H., Kurochkin, A.V., Pang, Y., Hu, W., Flynn, G.C. and Zuiderweg, E.R. (1998) NMR solution structure of the 21 kDa chaperone protein DnaK substrate binding domain: a preview of chaperone-protein interaction. *Biochemistry.* **37**:

7929-7940.

Wawrzynow, A. and Zylicz, M. (1995) Divergent effects of ATP on the binding of the DnaK and DnaJ chaperones to each other, or to their various native and denatured protein substrates. *J Biol Chem.* **270**: 19300-19306.

Wearsch, P.A. and Nicchitta, C.V. (1996) Endoplasmic reticulum chaperone GRP94 subunit assembly is regulated through a defined oligomerization domain. *Biochemistry.* **35**: 16760-16769.

Wickner, S.H. (1978) DNA replication proteins of Escherichia coli. *Annu Rev Biochem.* **47**: 1163-1191.

Wickner, S., Hoskins, J. and McKenney, K. (1991) Monomerization of RepA dimers by heat shock proteins activates binding to DNA replication origin. *Proc Natl Acad Sci U S A.* **88**: 7903-7907.

Wilbanks, S.M., Chen, L., Tsuruta, H., Hodgson, K.O. and McKay, D.B. (1995) Solution small-angle X-ray scattering study of the molecular chaperone Hsc70 and its subfragments. *Biochemistry.* **34**: 12095-12106.

Wild, J., Kamath-Loeb, A., Ziegelhoffer, E., Lonetto, M., Kawasaki, Y. and Gross, C.A. (1992) Partial loss of function mutations in DnaK, the Escherichia coli homologue of the 70-kDa heat shock proteins, affect highly conserved amino acids implicated in ATP binding and hydrolysis. *Proc Natl Acad Sci U S A.* **89**: 7139-7143.

Wild, J., Rossmeissl, P., Walter, W.A. and Gross, C.A. (1996) Involvement of the DnaK-DnaJ-GrpE chaperone team in protein secretion in Escherichia coli. *J Bacteriol.* **178**: 3608-3613.

Wilkison, W.O. and Bell, R.M. (1988) sn-glycerol-3-phosphate acyltransferase tubule formation is dependent upon heat shock proteins (htpR). *J Biol Chem.* **263**: 14505-14510.

Wistow, G. (1985) Domain structure and evolution in alpha-crystallins and small heat-shock proteins. *FEBS Lett.* **181**: 1-6.

Wojtkowiak, D., Georgopoulos, C. and Zylicz, M. (1993) Isolation and characterization of ClpX, a new ATP-dependent specificity component of the Clp protease of Escherichia coli. *J Biol Chem.* **268**: 22609-22617.

Wojtkowiak, D., Georgopoulos, C. and Zylicz, M. (1993) Isolation and characterization of ClpX, a new ATP-dependent specificity component of the Clp protease of Escherichia coli. *J Biol Chem.* **268**: 22609-22617.

Xu, Z., Horwich, A.L. and Sigler, P.B. (1997) The crystal structure of the asymmetric GroEL-GroES-(ADP)7 chaperonin complex. *Nature*. **388**: 741-750.

Yoshimune, K., Yoshimura, T. and Esaki, N. (1998) Hsc62, a new DnaK homologue of Escherichia coli. *Biochem Biophys Res Commun*. **250**: 115-118.

Young, J.C., Moarefi, I. and Hartl, F.U. (2001) Hsp90: a specialized but essential protein-folding tool. *J Cell Biol*. **154**: 267-273.

Yuzawa, H., Nagai, H., Mori, H. and Yura, T. (1993) Heat induction of sigma 32 synthesis mediated by mRNA secondary structure: a primary step of the heat shock response in Escherichia coli. *Nucleic Acids Res*. **21**: 5449-5455.

Zhu, X., Zhao, X., Burkholder, W.F., Gragerov, A., Ogata, C.M., Gottesman, M.E. and Hendrickson, W.A. (1996) Structural analysis of substrate binding by the molecular chaperone DnaK. *Science*. **272**: 1606-1614.

Ziegelhoffer, T., Lopez-Buesa, P. and Craig, E.A. (1995) The dissociation of ATP from hsp70 of Saccharomyces cerevisiae is stimulated by both Ydj1p and peptide substrates. *J Biol Chem*. **270**: 10412-10419.

Ziegelhoffer, T., Johnson, J.L. and Craig, E.A. (1996) Chaperones get Hip. Protein folding. *Curr Biol*. **6**: 272-275.

Ziemienowicz, A., Konieczny, I. and Hubscher, U. (2001) Calf thymus Hsc70 and Hsc40 can substitute for DnaK and DnaJ function in protein renaturation but not in bacteriophage DNA replication. *FEBS Lett*. **507**: 11-15.

Zietkiewicz, S., Krzewska, J. and Liberek, K. (2004) Successive and synergistic action of the Hsp70 and Hsp100 chaperones in protein disaggregation. *J Biol Chem*. **279**: 44376-44383.

Zimmerman, S.B. and Trach, S.O. (1991) Estimation of macromolecule concentrations and excluded volume effects for the cytoplasm of Escherichia coli. *J Mol Biol*. **222**: 599-620.

Zolkiewski, M. (1999) ClpB cooperates with DnaK, DnaJ, and GrpE in suppressing protein aggregation. A novel multi-chaperone system from Escherichia coli. *J Biol Chem*. **274**: 28083-28086.

Zuber, M., Hoover, T.A. and Court, D.L. (1995) Analysis of a Coxiella burnetti gene product that activates capsule synthesis in Escherichia coli: requirement for the heat shock chaperone DnaK and the two-component regulator RcsC. *J Bacteriol*. **177**: 4238-4244.

Zylicz, M., LeBowitz, J.H., McMacken, R. and Georgopoulos, C. (1983) The dnaK protein of Escherichia coli possesses an ATPase and autophosphorylating activity and is essential in an in vitro DNA replication system. *Proc Natl Acad Sci U S A.* **80**: 6431-6435.

Zylicz, M. and Georgopoulos, C. (1984) Purification and properties of the Escherichia coli dnaK replication protein. *J Biol Chem.* **259**: 8820-8825.

Zylicz, M., Ang, D., Liberek, K. and Georgopoulos, C. (1989) Initiation of lambda DNA replication with purified host- and bacteriophage-encoded proteins: the role of the dnaK, dnaJ and grpE heat shock proteins. *Embo J.* **8**: 1601-1608.

Zylicz, M. (1993) The Escherichia coli chaperones involved in DNA replication. *Philos Trans R Soc Lond B Biol Sci.* **339**: 271-277; discussion 277-278.

Zylicz, M. (1999) Role of chaperones in replication of bacteriophage λ DNA. *Harwood academic publishers.* **Molecular chaperones and folding catalysts (Bukau.B., ed)**: 295-311.